U0200217

湖北阳新龙港革命旧址规划与保护研究

朱宇华 著

学苑出版社

图书在版编目（CIP）数据

湖北阳新龙港革命旧址规划与保护研究 / 朱宇华著 . --
北京：学苑出版社，2022.9

ISBN 978-7-5077-6489-5

Ⅰ. ①湖… Ⅱ. ①朱… Ⅲ. ①革命纪念地－文物保护－研
究－阳新县 Ⅳ. ① K878.2

中国版本图书馆 CIP 数据核字（2022）第 160077 号

责任编辑：魏桦　周鼎
出版发行：学苑出版社
社　　　址：北京市丰台区南方庄2号院1号楼
邮政编码：100079
网　　　址：www.book001.com
电子信箱：xueyuanpress@163.com
联系电话：010-67601101（营销部）、010-67603091（总编室）
经　　　销：全国新华书店
印 刷 厂：英格拉姆印刷(固安)有限公司
开本尺寸：787×1092　1/16
印　　　张：18.25
字　　　数：262千字
版　　　次：2022年6月第1版
印　　　次：2022年6月第1次印刷
定　　　价：480.00元

前言

　　湖北阳新县位于湘、鄂、赣三省交界处，阳新县龙港镇作为土地革命时期湘鄂赣革命根据地的中心，保存下来的革命旧址具有重要的文物价值。

　　1927 年 9 月，中国共产党在龙港领导了秋收暴动，实行工农武装割据。1929 年至 1930 年，李灿、何长工、彭德怀率红五军先后进驻龙港，开创鄂东南革命根据地。其后不久，直属中央的鄂东特委、隶属中央湘鄂赣省委的鄂东南特（道）委先后在龙港设立，领导湘鄂赣边境地区 21 个县（市）的革命斗争。在土地革命时期，龙港成为鄂东南革命根据地的政治、军事、经济、文化中心，小小龙港老街上云集了党、政、军、工厂、学校、医院、银行等 48 大类机关，被誉为"小莫斯科"。

　　2005 年至 2006 年，清华大学建筑设计研究院文化遗产所的工作人员对该革命旧址群的保存现状进行了调查，并首次在革命文物的保护中引入了 GIS 评估系统。考虑到革命旧址基本上都属于当地民宅，在建筑类型和物理特征上具有普遍共性。规划首次引入了价值评价因子的指标体系，结合建筑外观特征进行加权设置，将保持了历史原貌，具有革命遗迹特征的革命旧址从大片同质、同构的普通民宅中区别开来，成为通过文物价值的指标量化，最终确定指导分类保护措施的第一项规划，创新的规划技术手段引领了后续建筑群、古村落类文物的保护规划，促进了建筑质量风貌评价技术体系的成型。

　　本书整理了湖北龙港革命旧址规划研究和策略制定的技术文件。从该项目特殊的文物类型、普遍的建筑特征以及革命价值方面的特点进行归纳研究。本书同时还提供了湖北阳新龙港革命旧址群最初的测绘图纸和资料数据，一方面是留取革命文物的基础资料，另一方面给热爱遗产保护的读者以参考。

　　由于项目完成距今已有数年，编写过程也较仓促，书中难免有语焉不详、言之未尽之处，敬请读者指正。

目录

研究篇

评估篇

规划篇

研究篇

第一章　历史沿革

第一节　历史沿革

一、阳新县历史沿革

湖北省阳新县历史悠久，是全国有数的古县之一，陶唐时为荆扬之域，虞、夏、商属荆州，西周为鄂王辖地，春秋归楚，秦属南郡。汉高祖六年（前201年）分南郡，始置下雉县，属江夏郡。汉、三国、晋、梁、陈、隋、唐，历名下雉、闰光、阳新、奉新、安昌、永兴、富川。宋、元、明、清先后称兴国军、路、府、州。1912年，废州设县；1914年，定名阳新县，沿用至今。1949年5月16日，中国人民解放军第四野战军解放阳新，建立人民政权，隶属大冶专区。1952年6月，改属黄冈专区。1965年7月起改属咸宁地区。1997年1月1日起划归黄石市管辖至今。

第一、二次国内革命战争时期，工农革命运动如火如荼。1926年，中共阳新县委成立，领导人民开辟革命根据地，组建革命武装，创建革命政权，实行武装割据，同国民党反动派殊死搏斗。1931年，阳新成为全国著名的湘鄂赣边区鄂东南革命的政治、经济、文化中心，党、政、军、财、文等48个机关布设在龙港一带，先后组建红十二军、红三军团、红八军，筹建红十五军，数万优秀儿女踊跃参加红军。"小小阳新，万众一心，要粮有粮，要兵有兵。"阳新的革命斗争受到中共中央和毛泽东、董必武等无产阶级革命领袖的直接关怀和指导。彭德怀于1957年写信赞扬："阳新人民的勇敢勤劳是突出的。特别是第二次国内革命战争时期，对于中国革命是有重大贡献的。"

全面抗日战争时期，阳新人民全力抵御日军西进，保卫武汉。随后建立阳（新）大（冶）、阳（新）咸（宁）通（山）、阳（新）通（山）、阳（新）瑞（昌）4块抗日根据地，组织阳大抗日支队和沿江、筠山、下羊、石角山、金竹尖5支抗日游击队，勇猛打击日军。王震、王首道等无产阶级革命家，率领八路军三五九旅南下支队挺进阳新，重创日军。解放战争时期，阳新县积极迎接人民解放军渡江南下，解放全境。

在这块有着古老文明的红色土地上，生活和战斗过彭德怀、王震、何长工等老一辈无产阶级革命家，诞生了王平、彭方复、梅盛伟等20多位共和国将军，20万英雄儿女前仆后继，阳新是全国闻名的"烈士县"。在整个国内革命战争时期，阳新儿女前赴后继，不怕牺牲，为新中国的成立做出过巨大贡献。

二、龙港镇历史沿革

龙港明代称龙川市，清光绪十一年（1885年），清朝政府在此设龙港巡检司，分汛州西南部13个里，改称龙港市。民国十五年（1926年）后，历为区、乡驻地。清末民初，龙港街店铺鳞次栉比，拥有商号作坊300余家，十分繁华，有"小汉口"之称。龙港老街坐落在龙港河畔，西与106国道相邻。街道长600余米，宽5米，青石板路面，为该地区主要生活用街道。

龙港具有光荣的革命传统，早在1911年，阳（新）瑞（昌）边境区的贫苦农民组织"哥老会"，揭起反清义旗，策应辛亥革命。五四运动以后，龙港有志青年纷纷出外求学寻找革命真理。1925年春，中共武汉地委派遣龙港籍共产党员回龙港建立了阳新最早的党组织——下畈党小组。同年10月，共产党员肖作舟（武昌农讲所学员）、华鄂阳（留苏学生）受中共湖北区委派遣，在龙港建立了阳新第一个党支部。从此，龙港掀起了轰轰烈烈的工农革命运动。

"八七"会议后的1927年9月，中共湖北省委在龙港组织了秋收暴动，在阳新率先点燃了武装革命斗争的烈火。次年春，龙港党组织又发动了黄桥、朝阳、茶寮三地武装暴动，随后建立了区、乡、村各级苏维埃政权，使龙港成为湘鄂赣边区鄂东南最早的红色区域之一。1929年秋至1930年夏，李灿、何长工、彭德怀率红五军各纵队先后进驻龙港，开创鄂东南革命根据地。龙港人民掀起了热烈的拥红高潮。《彭德怀自述》中写道："进驻阳新县龙燕区，该地群众对红军的热爱，比平江群众有过之而无不及……"在龙港人民踊跃参军参战的热潮中，兵源给养得到了充分的保证，红五军迅速发展壮大，打下了组建红三军团的坚实基础。1931年初，直属中共中央的中共鄂东特委迁至龙港，同年8月，中共鄂东特委改建为中共鄂东南特委，隶属中央湘鄂赣省委，先后管辖湖北的阳新、大冶、鄂城、蕲春、蕲水、广济、黄梅、通山、崇阳、通城、嘉鱼、蒲圻、咸宁、武昌和江西的武宁、瑞昌、九江、德安、星子以及湖北的临湘等21个县的600多万人口。在此期间，鄂东南苏维埃政府、红军独立第三师、鄂东南工农兵银行、红军后方医院、彭杨学校等48大机关在龙港相继成立，龙港成为鄂东南革命根据地的政治、经济、文化中心，有"小莫斯科"之称。人民群众"不要钱、不要家、不要命"，一心一意为革命，为巩固红色政权、扩大革命根据地做出了卓越的贡献。第五次反围剿斗争失败后，鄂东南道委等机关和红军撤离，龙港群众在党的领导下组织游击战，为掩护主力红军转移长征做出了杰出贡献。

土地革命时期，龙港是湘赣鄂革命根据地的重要部分，现在龙港保存的革命旧址有鄂东南苏维埃政府、少共鄂东南特委、鄂东南政治保卫局、鄂东南总工会、鄂东南工农兵银行、鄂东南红军招待所、红三师司令部等70多处。1981年12月湖北省人民政府将其中36处公布为湖北省第二批文物保护单位。2001年6月，龙港老街及其附近的16处革命旧址被列为第五批全国重点文物保护单位，其中，在龙港镇600米长的老街现存国家级文物保护单位16处，这在湖北省乃至全国范围是一处不多见的保存较好的革命旧址群。同时在龙港镇范围还保存有6处红军烈士墓群，安葬着2832位来自湖南、江西、广东、湖北等地的红军战士遗骨，其中有石墓碑46座。

龙港保存下来的这些革命旧址，始建于清末，基本上是二层单檐砖木结构，经几十年的风雨剥蚀，均有不同程度的损坏，地方政府及文化主管部门对龙港革命旧址的保护管理非常重视，多次拨款修缮，同时地方群众也积极捐款维修，现今基本保存完好。

为了纪念党在鄂东南地区开展革命斗争的历史，保护管理存留下来的这大批革命旧址、遗迹，1975年在中共鄂东南特委遗址上修建起龙港革命历史纪念馆，1986年王任重为纪念馆题写馆名，1995年被湖北省人民政府命名为湖北省爱国主义教育基地。

第二节　阳新县土地革命时期大事记

1927年，第一次国内革命失败后，全国革命形势由高潮转入低潮。蒋介石在全国范围内镇压共产党和革命人民，妄图用武力消灭革命。以毛泽东、周恩来、朱德为代表的中国共产党人在艰难危险的时刻，领导全党和全国人民，高举革命的大旗，坚持战斗。1927年8月1日，周恩来、朱德、贺龙、刘伯承、叶挺等同志领导南昌起义，打响了武装反抗反革命的第一枪，这次起义拉开了工农武装割据的序幕，为创建农村革命根据地做了准备。

1927年8月7日，党中央在汉口召开紧急会议，确定了土地革命和武装反抗国民党反动派屠杀政策的总方针，决定在湘、鄂、赣、粤四省举行秋收起义。以"八七"会议为转机，共产党重新整顿队伍，积蓄力量，迎接新的革命高潮的到来。毛泽东领导了湘赣边的秋收起义，张太雷、叶挺、叶剑英等同志领导了广州起义，彭德怀领导了湘鄂赣边境的平江起义。从1927年秋到1929年底，我党先后在全国各地举行了100多次武装起义。

秋收起义后，中国共产党吸取第一次国内革命战争的教训，建立了湘赣、赣南、闽西、湘鄂赣、闽浙赣、鄂豫皖、湘鄂西、左右江、东江、海南岛、陕甘等十几块革命根据地，开创了中国革命新的历史时期。从此，共产党把工作重点转移到农村，这是一个伟大的战略转移。毛泽东在井冈山创建的第一个革命根据地，开辟了以农村包围城市、最后夺取城市、夺取全国政权的胜利道路。

1924年，在外读书的阳新籍大学生曹壮父、柯少轩、萧作舟、曹卿云、程俊、罗伟等加入中国共产党，并开始传播马列主义，发展共产党员。

1925年春，柯少轩在归化里组建下畈党小组，为阳新最早的中共基层组织。

1925年12月，萧作舟在龙港一带发展32名党员，建立中共龙港支部，为阳新最早的党支部。

1926年8月，中共阳新部委员会在县城成立。翌年5月，改名中共阳新县委员会，隶中共湖北省委，下辖35个党支部，党员412人。

1927年2月27日，县商会会长纠集暴徒100余人发动反革命暴乱，捣毁县党部，非法捕杀共产党员，制造震惊全国的"阳新二二七惨案"。

1927年4月12日，蒋介石叛变革命，国民党大举清党。共产党员分散隐蔽，转入地下活动。

1927年6月6日，独立十四师夏斗寅叛军窜扰阳新，中共阳新县委遭到破坏。国民党在全县范围内"清乡""清党"，捕杀共产党人数以百计。

1927年8月7日，党中央在汉口召开紧急会议，确定了土地革命和武装反抗国民党的总方针。同月，湖北省委派柯少轩、肖作舟等回到龙港组织秋收暴动。中共阳

（新）大（冶）区特别委员会成立。9月，中共阳大特委组建"农运指导委员会"，领导阳新秋收暴动。

1928年7月，中共阳新县委组建游击队；8月，发动万人夺粮运动。

1928年10月，中共阳新县委在汪武颈召开县委扩大会议，做出加强县委领导力量、调整行政区划、建立革命武装、健全各级机构等八项决议。

1929年秋，何长工、李灿率红五军第五纵队挺进阳新，设司令部于龙港，开辟鄂东南革命根据地；10月，龙燕区苏维埃政府在龙港成立，下辖龙港、洋港、后山、燕厦等地共21个乡苏维埃。

1929年12月，何长工率领红军和赤卫队进攻大冶县城，策应国民政府军共产党员程子华率部起义，史称"阳大兵暴"。

1930年1月5日，阳新县临时苏维埃政府在大王殿成立，曹玉阶任主席。

1930年5月，彭德怀率领红五军二、三、四纵队抵达龙港，带来了井冈山斗争经验。同月，阳新县第一次工农兵代表大会在大凤区召开，成立阳新县苏维埃政府。同年，在龙港创办了兵工厂、被服厂、红军后方医院、彭杨学校，打土豪分田地，开展轰轰烈烈的土地革命。红五军以龙港为依托，横扫赣北、鄂南、鄂东10余县，巩固和扩大鄂东南革命根据地。

1930年6月，彭德怀在刘仁八镇主持召开红五军党委扩大会议，会上正式宣布成立中国工农红军第八军和第三军团。由彭德怀任红三军团总指挥兼前敌委员会书记，下辖新五军、红八军和十六军。红三军团成为当时中国共产党领导下最强大的武装主力之一，在后来的长征中为保卫党中央机关做出了重大牺牲。

1930年10月，鄂东工农代表大会在太子庙召开，成立鄂东工农革命委员会，主席曹玉阶。

1931年1月，彻底粉碎国民党第一次"围剿"。

1931年2月，鄂东南党政机关和红七团从三溪口太平地迁往龙港。随后，共青团鄂东南特委、鄂东南苏维埃政府、鄂东南政治保卫局、鄂东南总工会等党政机关相继成立，称之为"四十八大机关"，其中，近30个坐落在龙港镇。从此，龙港成为鄂东南苏区的政治、军事、经济、文化中心。

1931年3月，取得了第二次"反围剿"胜利。

1931年7月，国民党发动第三次"围剿"。

1931 年 8 月，中共鄂东南特区委员会在龙港成立，方步舟任书记。

1931 年 10 月，取得了第三次反围剿的重大胜利。

1931 年 10 月，全县重新划分 21 区，各区均建区级苏维埃政府。

1931 年 12 月，鄂东南劳动总社在龙港成立，下设国营商店。

1932 年 1 月，鄂东南道委在龙港成立，书记吴致民，组织部长方步舟，宣传部长刘海山，秘书长刘岐山，辖阳新、大冶、通山、鄂城、咸宁、武宁、瑞昌七县。

1932 年 8 月，中共鄂东南第一次党代表大会召开，正式宣布成立中共鄂东南道委，机关设在龙港。

1933 年 1 月，中共鄂东南道委调整区划，成立龙燕、阳新、通山三个中心县委。

1933 年初，龙港地区第四次反围剿失利。

1934 年 1 月 27 日，中华苏维埃政府在江西瑞金召开第二次全国工农代表大会。毛泽东在报告中指出："湘赣鄂边区阳新县的一些地方……那里的同志都有进步的工作，同样值得我们大家称赞。"

1934 年 2 月，中央苏区第五次反围剿失败。

1934 年 10 月，党中央被迫决定进行战略转移，开始长征。由项英、陈毅率领地方红军 3 万余人留在中央根据地坚持游击战争。

第二章　区域资源概况

第一节　自然资源

一、区域概况

（一）区位

阳新县位于湖北东南部，长江中游南岸，幕阜山脉北侧。地理坐标：东经114° 43′ ～ 115° 30′，北纬 29° 30′ ～ 30° 09′。东北与蕲春县、广济县隔江相望；东南与江

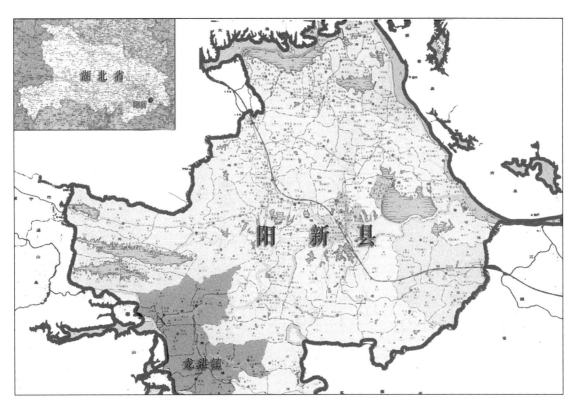

阳新县、龙港镇区位图

西瑞昌市接壤；西南与通山县、江西武宁县为邻；西北与咸宁市、大冶市相连。县城与省会城市武汉市的直距约 130 千米，国土面积 2780 平方千米。

龙港革命旧址位于现今湖北省阳新县西南部的龙港镇，龙港镇位于东经 114° 53′，北纬 29° 33′，地处鄂赣边界，与江西省武宁县泉口镇接壤。

（二）行政管区

龙港镇隶属于阳新县，龙港革命旧址在龙港镇上。

龙港镇辖区面积 255 平方千米，拥有山场 20 万亩，耕地 5 万亩，辖 33 个行政村（居委会），总人口 9.8 万。镇区面积约 2 平方千米，常住人口 1.8 万。

二、地理概况

（一）地质

地处淮阳山字型构造弧顶西翼而受其控制。海口—封三洞一带地层断裂，大致呈北西至南东方向展布。所见褶皱断裂多以陡倾角为主，背向斜构造，地层均北陡南缓。

（二）地貌

阳新县境属鄂东南低山丘陵区，地势南高北低，位于幕阜山向长江冲积平原过渡地带。西北、西南、东南部多低山，且向东、中部倾斜，构成不完整山间盆地。东北部临江，有狭长小平原与中小湖泊。富水自西向东横贯县境。自湄潭以下，两岸湖泊星罗棋布。岗地坡度平缓，分布在山丘与河流湖泊之间。全县最高点南岩岭，海拔 860 米；最低点富水南城潭河床，海拔 8.7 米。

三、水文概况

阳新县境内的主要河流水系有长江（阳新段）、富水水系、海口湖水系、菖湖水系等七处。其中富水水系位于阳新县西南部，发源于通山、崇阳、修水三县交界处三界尖通山一侧，至富池口入长江，全长 196 千米，总落差 613 米。县境内河段长 81 千米，流域总面积 5310 平方千米，县境内流域面积 2245 平方千米，占全县总面积 80.8%。

富水水系的主要支流龙港河，发源于瑞昌市青山西侧，流经龙港老街东侧，至孔

龙港镇地形地貌图

志村西北侧注入富水，全长 73.4 千米。江西的朝阳河和洋港桂花河汇集于境内的龙港河经富河注入长江。富河多年平均流量 14.8 立方米 / 秒，最大流量 1050 立方米 / 秒（1964 年），最高水位 30.38 米。

四、气候概况

（一）气温

该地区历年平均气温 16.8 摄氏度。年际变动在 16.3 摄氏度～17.6 摄氏度，变幅 1.3 摄氏度。常年 7 月最热，月均温 29.1 摄氏度；一月最冷，月均温 4 摄氏度。春季冷暖气流在县境进退交替，气温变化大，经常发生"倒春寒"天气。夏季气温易受北太平洋副热带高气压控制，季平均气温 22.3 摄氏度。初秋常有闷热天气。随后气温逐渐下降，季平均气温 18 摄氏度。冬季南下冷空气频繁侵袭，屡有霜雪冰冻，季平均气温 5.3 摄氏度。

（二）降水

该地区年均降水量 1389.6 毫米。历年平均夏半年降水量占全年降水总量的三分之二以上，其中 4 月至 7 月之和超过全年总量的一半；冬半年降水量不及全年降水总量的三分之一。六月份降水最多，为 224.1 毫米；一月份降水最少，为 43.6 毫米。县境自西南往东北，降水量呈递减趋势。年均降水日 147 个。

（三）风

县内多偏东风。东北部、中部偶有龙卷风、飑线。风速由北往南呈递减趋势。1958 年～1985 年，年均风速 2.1 米／秒。三月份风速最高，超过 2.5 米／秒；7 月份风速最低，低于 1.9 米／秒。大风多为偏西、偏北风，极端最高风速 20 米／秒。

（四）霜

年均无霜日 263 个。平均初霜期：11 月 23 日。平均终霜日期：3 月 4 日。平均初雪日期：12 月 12 日。平均终雪日期：2 月 19 日。历年平均地面积雪日 6.3 个。

（五）日照

按 1958 年～1985 年统计，年平均日照时数 1897.1 小时，日照百分率 44%。平均每天日照时数 5.19 小时。由南往北，日照时数略呈递减的趋势。

五、灾害

（一）干旱

分春旱、夏旱、伏秋旱、秋冬旱 4 种，以秋旱发生最多。7 月下旬至 9 月中旬，县境常受北太平洋副热带高气压控制，晴热少雨，日照强烈，气温高，蒸发量大，易出现秋伏旱。

（二）冰雹

多在 3 月～5 月发生，具突发性，常伴有狂风暴雨。长江沿岸漳源口至富池一带，龙港、排市、（率）洲、东春、木港等地多次出现雹灾。

（三）大风

春、夏、冬季较多。常见于北部和中部。大风造成稻、麦、油菜、苎麻倒伏，损失难计。湖区、库区起大风，屡致舟覆人亡。海口湖、网湖、漳源湖畔偶尔发生龙卷风、飑线，拔树飞石，毁房毙人，危害甚烈。

（四）暴雨

暴雨频繁且集中，平均每年 4.5 次。其中大暴雨（日降雨量逾 100 毫米）16 次，约两年一遇。一般 5 月～8 月暴雨日较多，在山区、丘陵区引发山洪。

六、交通概况

阳新交通便利，距省会武汉市 130 千米，距黄石市 60 千米，距江西省九江市 120 千米。水陆交通便利，武（汉）九（江）铁路贯穿东西，武九铁路自西向东横贯阳新境内 52 千米。106、316 国道和界浮、沿横四条省道贯穿全境，140 个村新开通了村级公路，全县公路总里程达 2173 千米。长江在县境内长 45 千米，富河在县境内 80 千米，有港口 8 座，航运便利。

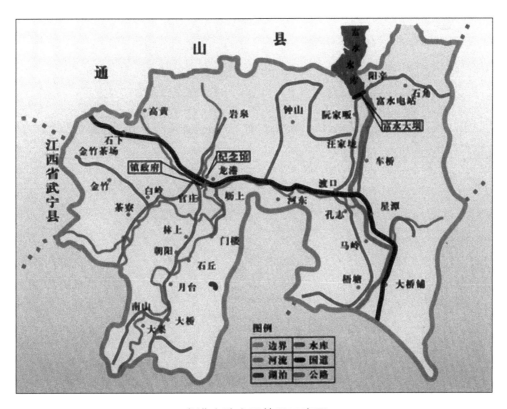

龙港水陆交通情况示意图

七、环境概况

龙港自然环境优美，南依幕阜山脉，北濒富河上游，山川毓美，物产丰富，人文荟萃，是湖北省东南边陲的历史名镇，地势南高北低。龙港交通便利，106国道在龙港穿境而过，形成了南联浙赣、北通武汉的便捷公路网；矿藏资源和水产丰富。1997年被列为湖北省重点"口子镇"。

第二节　人文资源

一、文物资源

龙港人文环境独特，具有光荣的革命传统，境内遍布革命战争时期的重要遗迹。土地革命时期，龙港是湘鄂赣边区十六县的政治、经济、军事和文化中心，享有"小莫斯科"之称，被载入中国革命历史史册。1930年，在龙港先后组建了军校、报社、银行、医院、兵工厂、纺织厂、军校等48个机关单位。如今，彭德怀故居、鄂东南特委机关、彭杨学校等40余处革命旧址尚保存完好，其中有36处1981年被列为湖北省重点文物保护单位；2001年7月，位于"土地革命时期一条街"及其附近的16处革命旧址被国务院公布为第五批全国重点文物保护单位，在这些革命旧址中，保留有当年的标语、壁画等遗迹近百幅，被专家称为"天然的革命历史博物馆"。

在龙港境内，还有6处红军烈士墓群，这些墓群与现存的革命旧址一起构成了龙港独特的革命文物资源。

二、旅游概况

龙港拥有丰富的自然景观和人文景观。金竹云雾、岩泉飞瀑、龙潭橘红、凤栖仙洞、宝莲禅寺、关帝庙、步云塔影、陵园松涛、泉山画屋等景观让人流连忘返。被列为全国重点文物保护单位的明清老街和16处革命旧址群、龙港革命历史纪念馆、烈士陵园、烈士墓林等让人感受到历史的厚重。这些构成了浓厚的地域文化特色。

由于缺乏合理的管理和组织，该处红色旅游事业尚未形成规模。龙港老街地区人口较多，属高密度不发达地区，居民生活污染对整个地区环境影响相对较大。此外，缺乏旅游线路、展示空间，对散客和当地居民缺少必要的引导措施也是该地区旅游发展面临的问题。

第三章　龙港文物现状

第一节　龙港老街建筑现状

龙港革命旧址始建于清末民初，因建成年代久远，皆不同程度地存在安全隐患。2001年，阳新县文化体育局组织有关人员对"国保"单位的旧址安全问题进行了一次全面的勘查，并做了记录，记录中将建筑健康情况分为以下三类：

一类：中共鄂东南道委、中共鄂东南特委防空洞及第八乡苏维埃等6处旧址，已经全面或局部维修，基本上消除了安全隐患。

二类：鄂东南工农兵银行、鄂东南政治保卫局、鄂东南快乐园、游艺所、鄂东南中医院、鄂东南总工会、鄂东南苏维埃及鄂东南红军招待所等7处旧址，建筑内存在部分梁柱、楼板、门窗霉烂、虫蛀、顶盖漏雨、排水不畅、室内潮湿等不利因素，如不尽快进行局部修缮，将对旧址的安全造成不利影响。

三类：彭杨学校、龙燕区苏维埃、彭德怀旧居等3处旧址，大部分梁柱、楼板及木构件都出现霉烂、虫蛀、墙体内裂等现象，部分室内已倒塌，经有关部门检查，定为一级危房，现已封闭，随时都有全部塌毁的可能。

按2001年统计，龙港镇上的16处"国保"单位分布在龙港老街的有12个。600米长的龙港老街现有临街面住户155间，其中新建筑51户，改建房屋66间，具有清末时期原貌的老房子仅存38间（其中革命旧址12栋）。[①]

2004年12月，在对老街的现场调研中，我们发现，老街街面上建于20世纪80年代后期的不协调的新建筑64幢，具有一定原始风貌的建筑66幢，其中大部分都存在不同程度的装修改建。12处被公布为"国保"单位的革命旧址仍保持着原有风貌。20

---

① 《关于鄂东南革命根据地"龙港革命旧址"整体保护维修情况的报告》，阳新县文化体育局2001.11.21。

16

世纪 80 年代后新建的房屋普遍为 2 层～3 层楼房，装潢"考究"，外镶各色瓷砖，与文物保护单位的环境风貌极不协调，严重破坏了老街的风貌，损害了其历史价值。

老街中住在被列为"国保"单位建筑中的住户，一部分是承袭祖业，也有一些是后来购置的。由于房屋居住环境差，不少房主希望改善条件，对建筑进行修缮，但如何使这样的改善和修缮符合文物保护的要求是必须解决的前提。

对龙港老街最严重的威胁是潜在的火灾隐患。老街上七八家木材加工作坊集中在一起，堆满了木头，锯屑、刨花散乱。尽管这里每家"国保"住户都领到灭火器，但由于该镇没有消防站，且至今未通自来水，一旦发生火灾，后果不堪设想。

第二节　文保单位建筑现状

在龙港镇 600 米长的老街及附近现存第五批国家级文物保护单位 16 处，包括中共鄂东南道委、鄂东南电台、编讲所、少共鄂东南道委、鄂东南龙燕区苏维埃政府、鄂东南工农兵银行、鄂东南政治保卫局、鄂东南快乐园、游艺所、彭德怀旧居、劳动总社、鄂东南中医院、鄂东南总工会、鄂东南苏维埃、鄂东南红军招待所、鄂东南彭杨学校、中共鄂东南特委、中共鄂东南特委防空洞、龙燕区第八乡苏维埃旧址。现状情况整理如下。

一、中共鄂东南道委

1931 年 2 月至 1932 年 9 月中共鄂东南道（特）委设在这里，先后管辖阳新、大冶、通山、圻水、黄梅、广济、嘉鱼、蒲圻、瑞昌、武宁、修水、星子临湘等 20 个县的党组织，领导鄂东南军民粉碎了国民党反动派第一、二、三次"围剿"，将鄂东南根据地推向鼎盛时期。旧址原为三重院落的建筑群，后被日寇炸毁，仅剩前屋。[1]

该旧址 1999 年有过全面或局部维修，目前基本上消除了安全隐患。

---

① 《湘鄂赣边区鄂东南革命根据地龙港革命旧址——基本情况资料汇编》，阳新县龙港革命历史纪念馆 2001.12，25 页。

中共鄂东南道委旧址残损现状

建筑面积：97.51平方米　　　　　所有权：私有

功能：居住　　　　　　　　　　　建造年代：民国

建筑高度：二层　　　　　　　　　建筑结构：砖木

1. 屋面

现存状况：小青瓦屋面，近代翻建。内院周围屋面瓦片破损、脱落。

残损原因：年久失修。

2. 墙体

现存状况：沿街立面一层墙体表面抹灰，为近代维修；院内墙体残破，酥碱剥落。

残损原因：改造不当，雨水侵害。

3. 结构

现存状况：木构架局部开裂。

残损原因：年久失修，虫蛀。

4. 基础

现存状况：局部残破。

残损原因：改造不当，地基沉降。

5. 地面

现存状况：水泥地面。

残损原因：改造不当。

6. 门窗

现存状况：仅余洞口。

残损原因：人为破坏。

7. 装饰

现存状况：山墙保留部分砖雕装饰，有水渍、发霉痕迹。

残损原因：年久失修，雨水侵害。

备注：1999 年维修。

8. 实测图

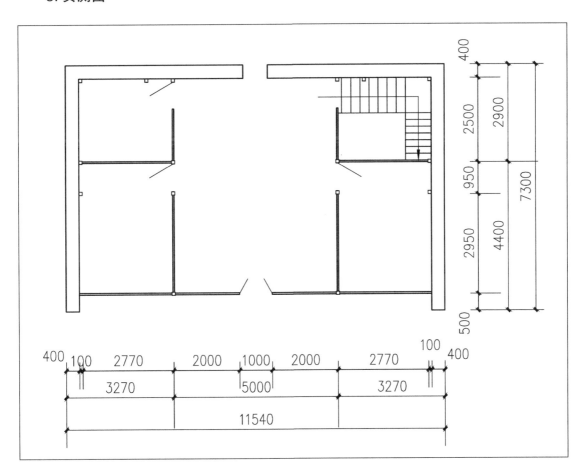

中共鄂东南道委旧址平面图

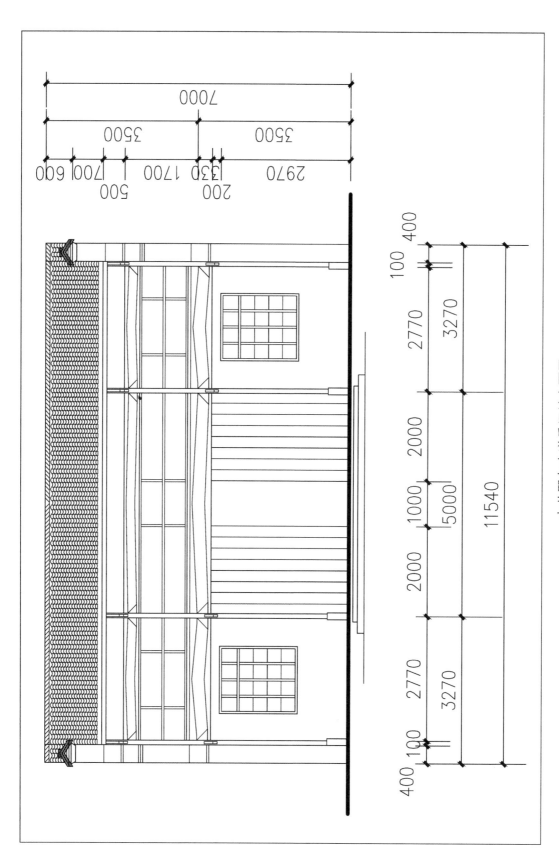

中共鄂东南道委旧址立面图

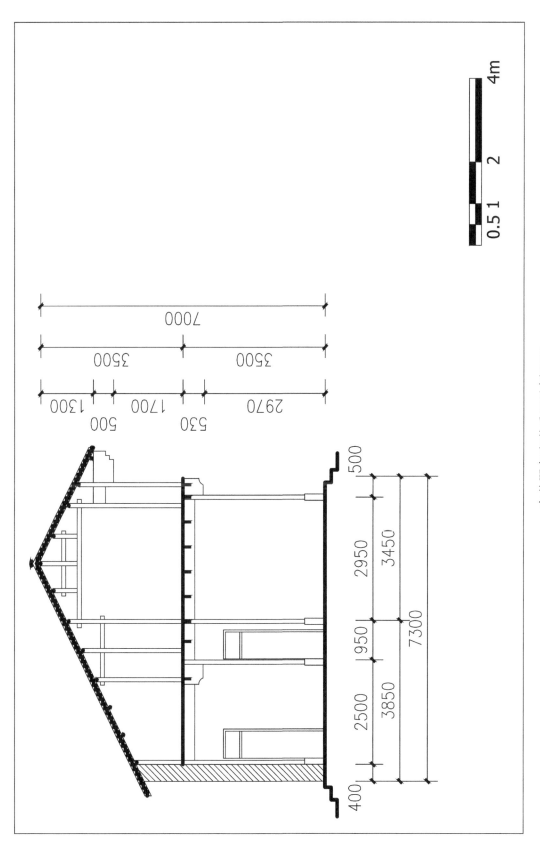

中共鄂东南道委旧址剖面图

二、鄂东南电台、编讲所

1931年2月至1932年9月鄂东南电台、编讲所设在这里，是中共鄂东南道（特）委的通讯、宣传机构，负责对各根据地电讯联络、政治宣传，经常编写各种宣传教育资料，举办报告会，对群众进行马列主义理论教育和革命形势教育。[①]

该旧址由于1999年有过全面或局部维修，目前基本上上消除了安全隐患。

鄂东南电台、编讲所

鄂东南电台编讲所残损现状：

建筑面积：154.7平方米	所有权：私有
功能：居住	建造年代：民国
建筑高度：二层	建筑结构：砖木

---

① 湘鄂赣边区鄂东南革命根据地龙港革命旧址——基本情况资料汇编》，阳新县龙港革命历史纪念馆 2001.12，29页。

1. **屋面**

现存状况：小青瓦屋面，排列整齐。

2. **墙体**

现存状况：沿街立面一层墙体表面抹灰，基部有返潮痕迹。二层外墙面有标语："战无不胜的毛泽东思想万岁。"

残损原因：改造不当，雨水侵害。

3. **结构**

现存状况：木构架局部开裂。

残损原因：年久失修。

4. **基础**

现存状况：局部残破。

残损原因：改造不当，地基沉降。

5. **地面**

现存状况：大部分保留青石铺地，局部水泥地面。

残损原因：改造不当。

6. **门窗**

现存状况：玻璃破碎，仅余洞口。

残损原因：人为破坏。

7. **装饰**

现存状况：封火山墙保留较完整。

8. **其他**

现存状况：标语字迹难于辨认。

残存原因：雨水侵害。

备注：1999 年维修。

9. **实测图**

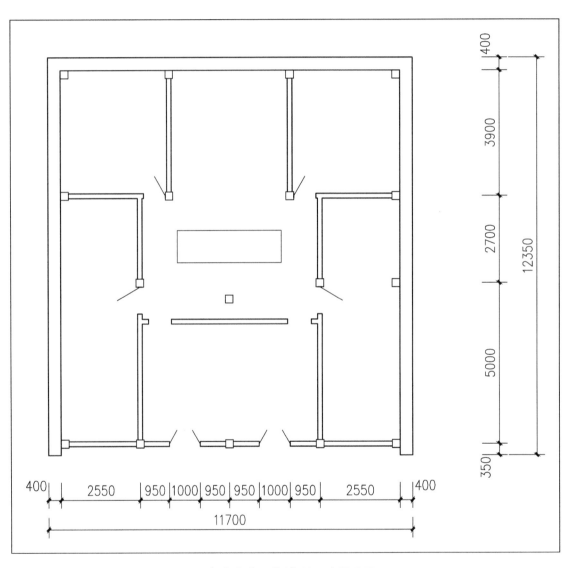

鄂东南电台、编讲所旧址平面图

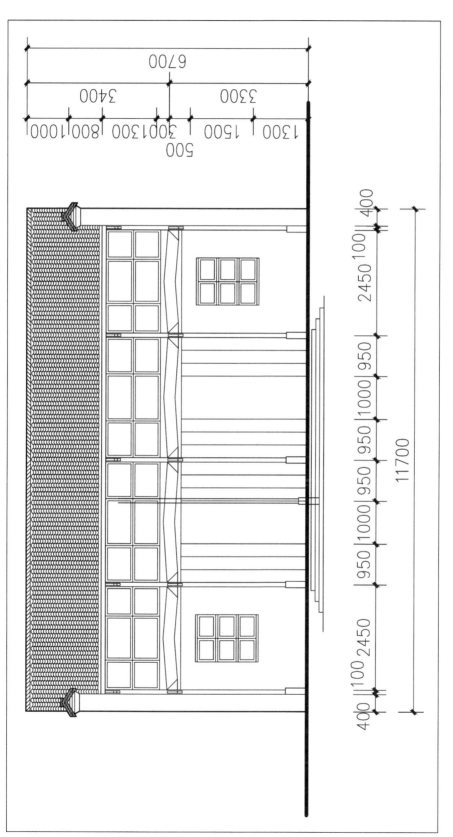

鄂东南电台、编讲所旧址立面图

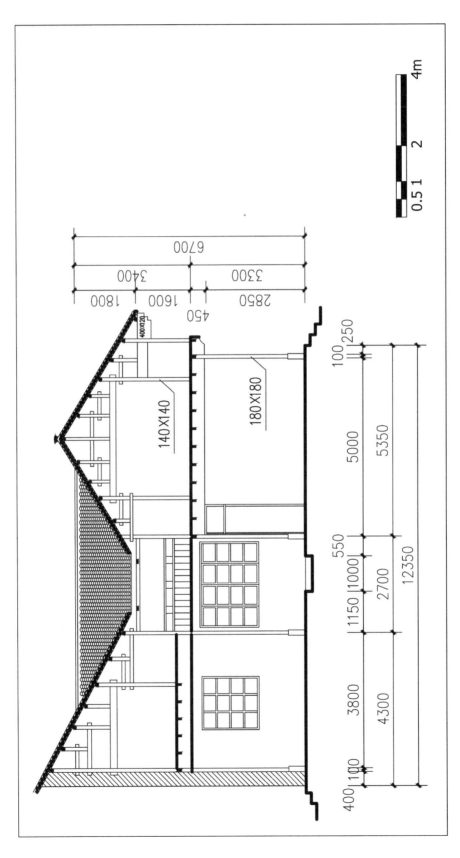

鄂东南电台、编讲所旧址剖面图

三、少共鄂东南道委

1931 年春至 1932 年秋，少共鄂东南道委设在这里。有青工、青农、少先队、儿童团各部，领导各县少共对青少年进行马列主义和革命形势教育，进行武装训练，参加党的政治与经济斗争。[①]

该旧址由于 1999 年有过全面或局部维修，目前基本消除了安全隐患。

少共鄂东南道委旧址

少共鄂东南道委残损调查：

建筑面积：117 平方米　　　　　所有权：私有

功能：居住　　　　　　　　　　建造年代：民国

建筑高度：二层　　　　　　　　建筑结构：砖木

1. 屋面

现存状况：小青瓦屋面，局部瓦片脱落，屋檐略倾斜。

---

① 《湘鄂赣边区鄂东南革命根据地龙港革命旧址——基本情况资料汇编》，阳新县龙港革命历史纪念馆 2001.12，33 页。

残损原因：年久失修。

2. 墙体

现存状况：一层墙体表面抹灰，局部剥落。

残损原因：改造不当，雨水侵害。

3. 结构

现存状况：木构架局部开裂。

残损原因：年久失修，虫蛀。

4. 基础

现存状况：残破并有部分沉降。

残损原因：改造不当，地基沉降。

5. 地面

现存状况：室内水泥地面。

残损原因：改造不当。

6. 门窗

现存状况：窗外有铁护栏。

残损原因：改造不当。

备注：1999 年维修。

7. 实测图

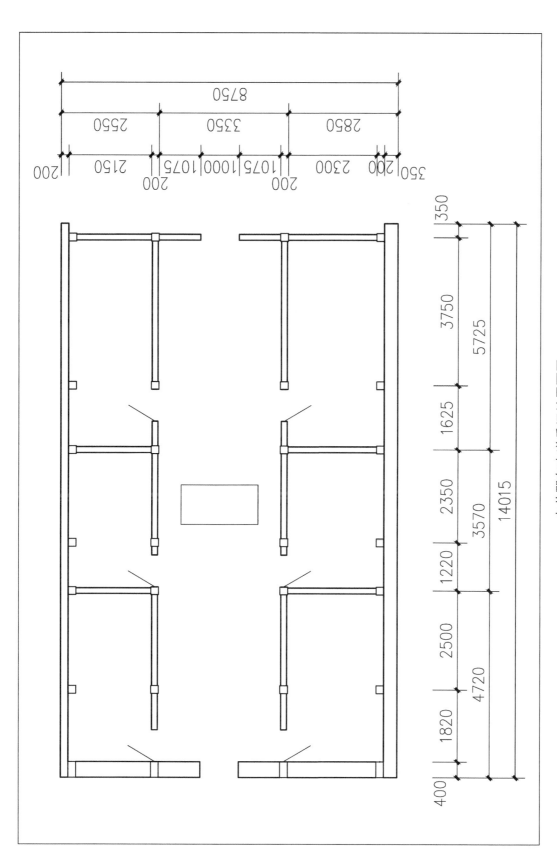

少共鄂东南道委旧址平面图

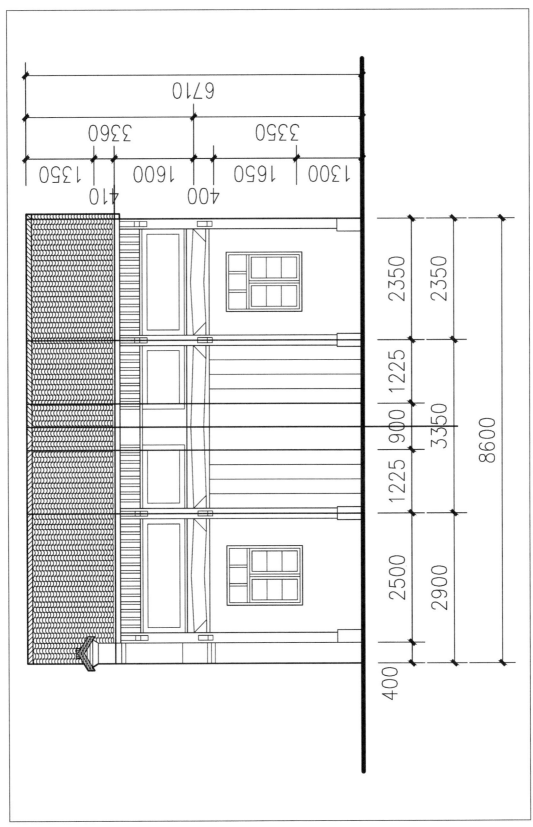

中共鄂东南道委旧址立面图

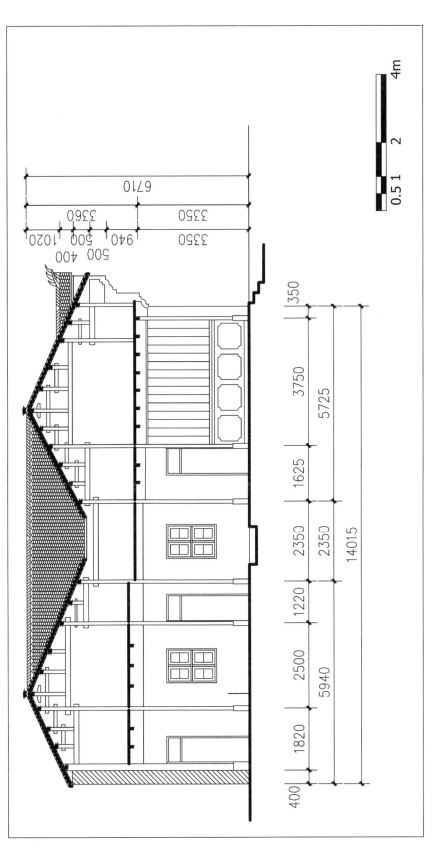

少共鄂东南道委旧址剖面图

四、鄂东南龙燕区苏维埃政府

1929 年冬至 1932 年秋，龙燕区苏维埃政府设在这里，有正、副主席和军事、政治、财政、青年等部，管辖龙港、洋港、沙店等 18 个乡。工作人员作风艰苦朴素，常常穿草鞋、背布包、戴草帽，翻山越岭，深入基层解决问题，被群众誉为"提包政府"。旧址后大门框两侧留有"打土豪""分田地"字样，后檐墙内壁留有"武装暴动"墙标。①

该旧址部分梁柱、楼板及木构件出现霉烂、虫蛀、墙体内裂等现象，现已封闭，有塌毁的可能性。2004 年湖北省文物部门完成维修方案设计。

鄂东南龙燕区苏维埃政府旧址

鄂东南龙燕区苏维埃政府残损现状：

建筑面积：223.2 平方米	所有权：镇政府
功能：闲置	建造年代：民国
建筑高度：二层	建筑结构：砖木

---

① 《湘鄂赣边区鄂东南革命根据地龙港革命旧址——基本情况资料汇编》，阳新县龙港革命历史纪念馆 2001.12，37 页。

1. 屋面

现存状况：小青瓦屋面，内院天井周围屋面塌陷。

残损原因：年久失修。

2. 墙体

现存状况：灰砖砌筑，白灰勾缝；室外墙体有较明显的裂缝；正立面抹灰，有裂缝；墙体基部有返潮。室内墙面有标语，难于辨认。

残损原因：改造不当，雨水侵害。

3. 结构

现存状况：室内木结构梁柱体系较完整，部分梁柱有裂缝、孔洞。

残损原因：年久失修，虫蛀。

4. 基础

现存状况：轻微沉降。

残损原因：地基沉降。

5. 地面

现存状况：室内花岗岩条石铺地，局部破损。

残损原因：年久失修。

6. 门窗

现存状况：部分破损、散落，歪斜，表面油漆粉刷已剥落。

残损原因：改造不当。

7. 装饰

现存状况：多处门楣、横梁处有彩画，严重剥落。

残损原因：年久失修，雨水侵害。

8. 实测图

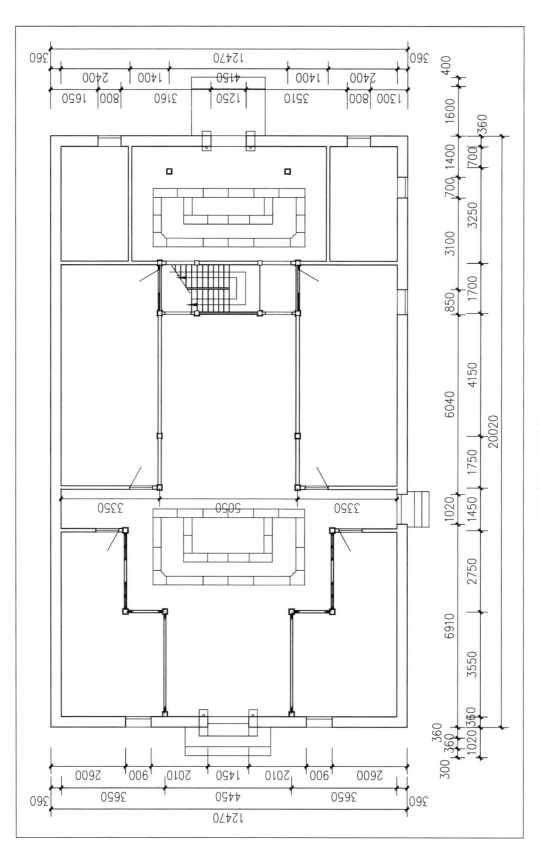

鄂南龙燕区苏维埃旧址平面图

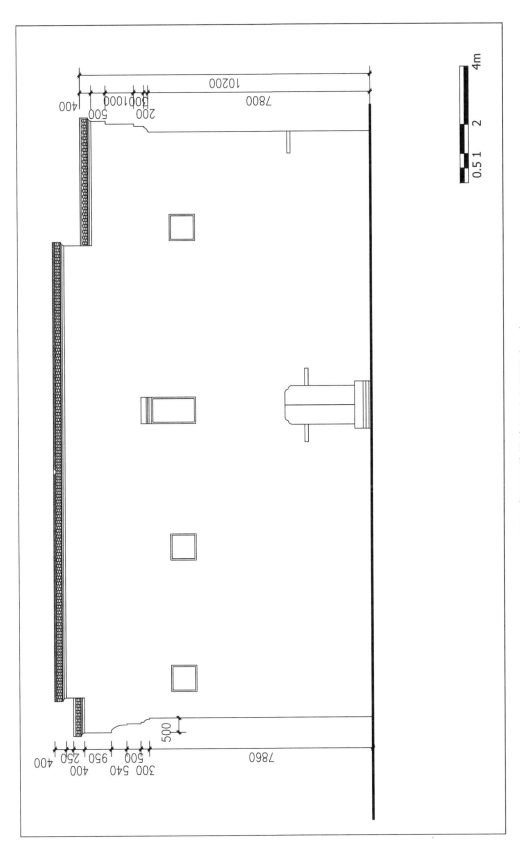

鄂南龙燕区苏维埃旧址立面图（一）

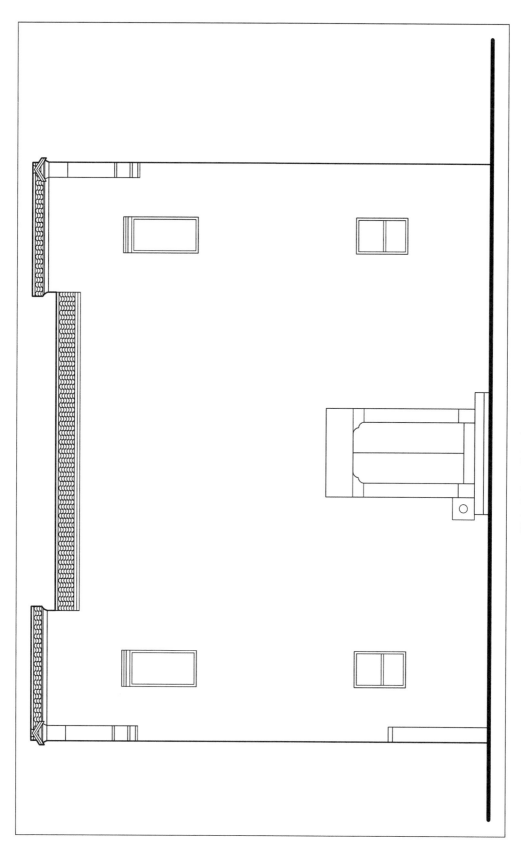

鄂南龙燕区苏维埃旧址立面图（二）

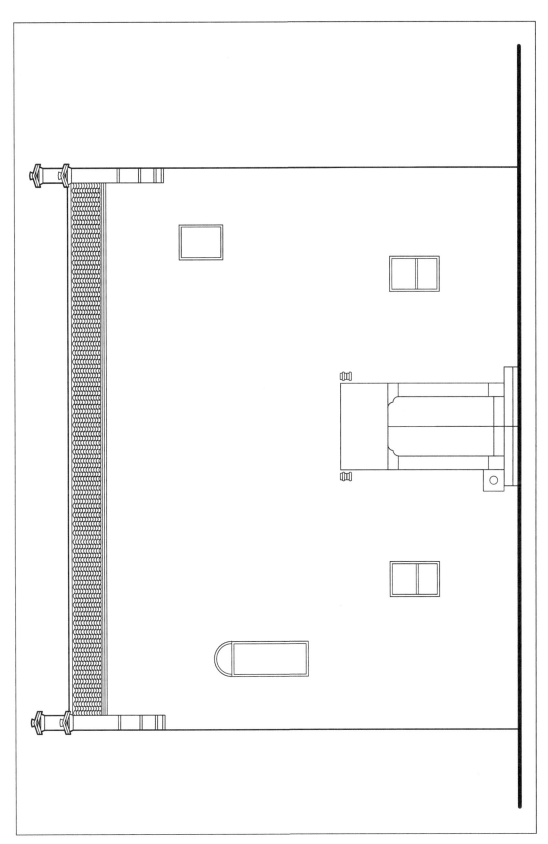

鄂南龙燕区苏维埃旧址立面图（三）

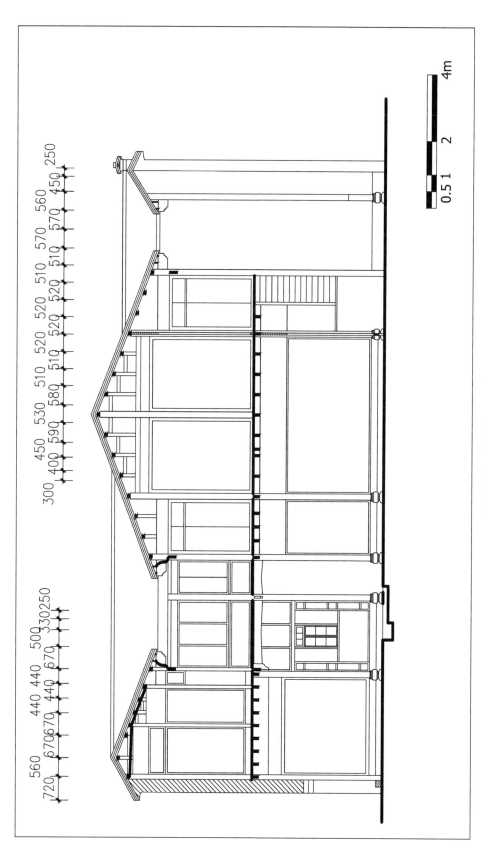

鄂南龙燕区苏维埃旧址剖面图

五、鄂东南工农兵银行

1931 年，鄂东南工农兵银行设在这里，负责发行鄂东南苏区货币，管理苏区金融，筹集资金供给苏区红军、党政机关开支，扶植苏区工农业生产，活跃商品流通，为打破国民党反动派对苏区经济封锁，发展苏区经济做出了巨大贡献。[①]

旧址立面门窗为后来改建，与原有风貌不协调，山墙根部有少量砖块剥落。

鄂东南工农兵银行

鄂东南工农兵银行残损现状：

建筑面积：150.15 平方米　　　　所有权：私人

功能：居住　　　　　　　　　　建造年代：民国

建筑高度：二层　　　　　　　　建筑结构：砖木

1. 屋面

现存状况：小青瓦屋面，排列整齐。

---

① 《湘鄂赣边区鄂东南革命根据地龙港革命旧址——基本情况资料汇编》，阳新县龙港革命历史纪念馆 2001.12，48 页。

2. 墙体

现存状况：表面抹灰，局部剥落，底部有水碱痕迹；山墙墙体酥碱、松动，基部少量砖块剥落。

残损原因：改造不当，年久失修，雨水侵害。

3. 结构

现存状况：砖木结构。

4. 基础

现存状况：无沉降。

5. 地面

现存状况：青石铺地，局部水泥地面。

残损原因：改造不当。

6. 门窗

现存状况：入口两侧有两块矩形浅浮雕；二层窗格具有地方特色。

残损原因：改造不当。

7. 装饰

现存状况：大门为近代改建，风貌不协调；二层窗有窗格，无玻璃扇。

残损原因：改造不当。

8. 实测图

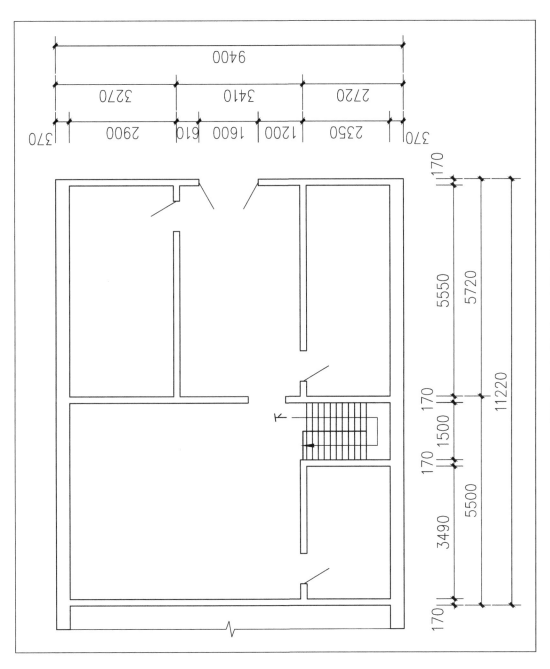

鄂东南工农兵银行旧址平面图

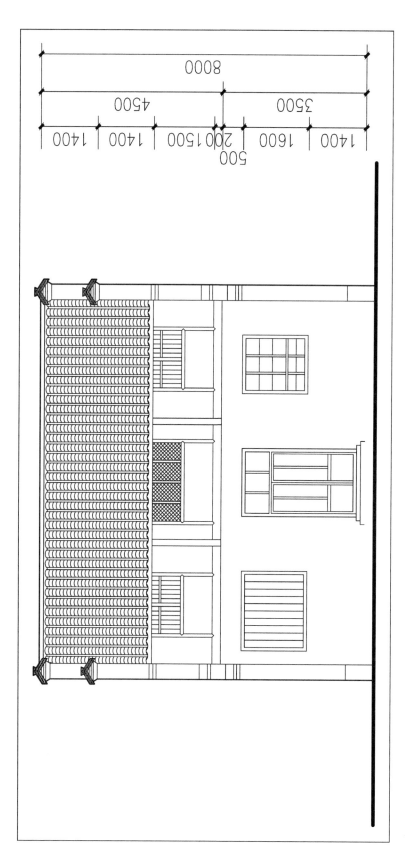

鄂东南工农兵银行旧址立面图

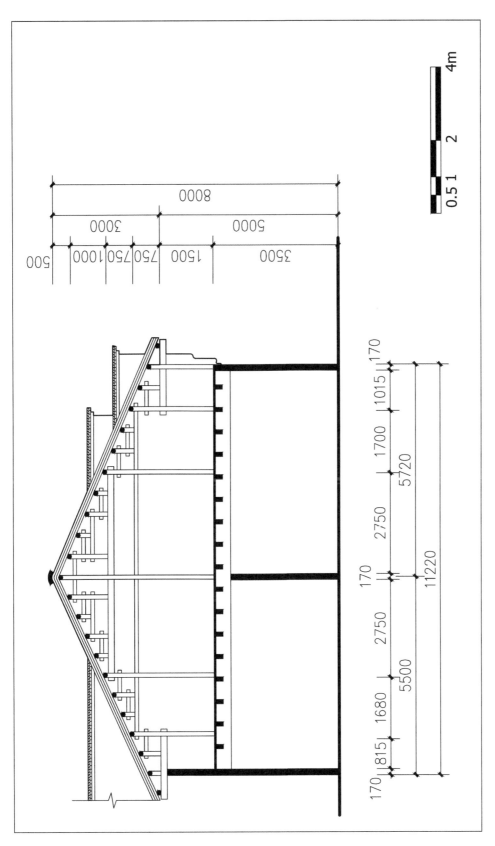

鄂东南工农兵银行旧址剖面图

六、鄂东南政治保卫局

1931年至1932年，鄂东南政治保卫局设在这里，是鄂东南苏区最高立法机关，负责苏区的安全保卫工作，侦察、审理各类刑事案件，为维护苏区社会治安，保证革命和生产顺利进行做出了巨大贡献；但由于"左"倾的错误指导，也在工作中犯了严重的"左"错误，使鄂东南苏区遭受了重大损失。[①]

鄂东南政治保卫局旧址

鄂东南政治保卫局残损现状：

建筑面积：109 平方米　　　　　　所有权：私人

功能：居住（花圈店）　　　　　　建造年代：民国

建筑高度：二层　　　　　　　　　建筑结构：砖木

1. 屋面

现存状况：小青瓦屋面，排列整齐。

---

① 《湘鄂赣边区鄂东南革命根据地龙港革命旧址——基本情况资料汇编》，阳新县龙港革命历史纪念馆2001.12，52 页。

2. 墙体

现存状况：立面墙体表面抹灰，局部剥落，墙基处有水渍痕迹；山墙基部少量砖块脱落。

残损原因：改造不当，雨水侵害。

3. 结构

现存状况：砖木结构。

4. 基础

现存状况：无沉降。

5. 地面

现存状况：青石铺地，水泥面层。

残损原因：改造不当。

6. 门窗

现存状况：窗外有铁栏。

残损原因：改造不当。

7. 实测图

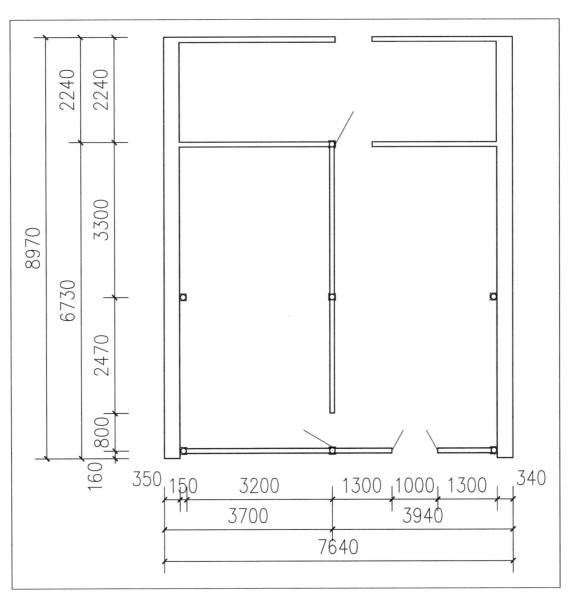

鄂东南政治保卫局旧址平面图

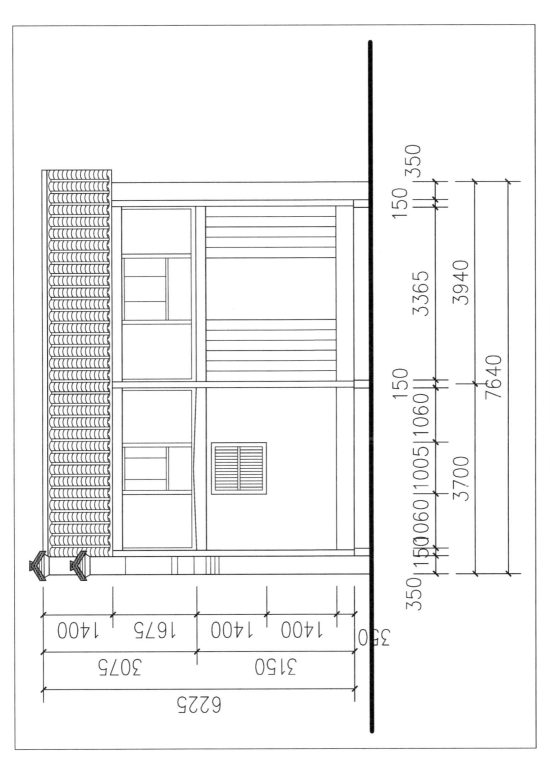

鄂东南政治保卫局旧址立面图

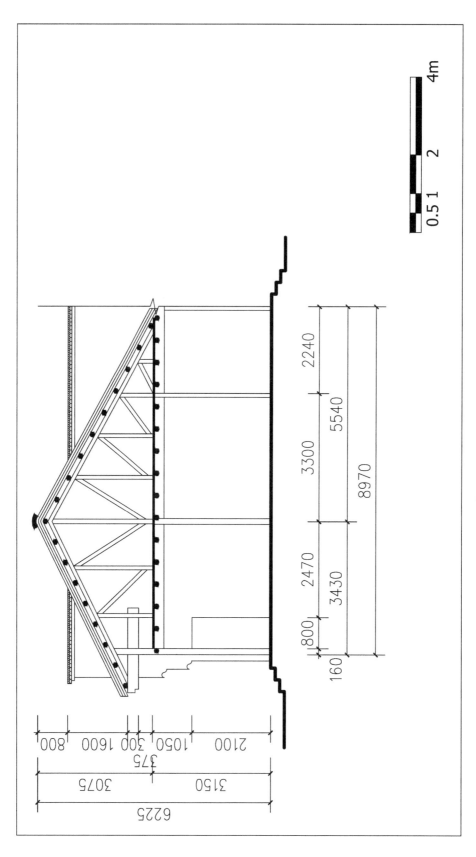

鄂东南政治保卫局旧址剖面图

七、鄂东南快乐园、游艺所

1931年春至1932年秋，中共鄂东南特（道）委为活跃苏区文化生活，在这里开办了鄂东南快乐园、游艺所，配合红军重大战役和苏区政治活动，自编自演革命文艺节目，为提高群众革命觉悟、振奋斗争精神、团结教育苏区人民争取革命胜利，发挥了重要作用。[①]

鄂东南快乐园、游艺所旧址

鄂东南快乐园、游艺所残损现状：

建筑面积：325平方米　　　　　所有权：私有

功能：居住（现已闲置）　　　　建造年代：清代

建筑高度：二层　　　　　　　　建筑结构：砖木

---

① 《湘鄂赣边区鄂东南革命根据地龙港革命旧址——基本情况资料汇编》，阳新县龙港革命历史纪念馆2001.12，61页。

1. 屋面

现存状况：小青瓦，近代翻建。

残损原因：改造不当。

2. 墙体

现存状况：青砖砌筑，内院部分墙体坍塌，墙根处长有青苔，室内有局部红砖墙面。

残损原因：改造不当，雨水侵害。

3. 结构

现存状况：厅堂结构体系保留较完整，部分梁柱残缺，开裂。

残损原因：年久失修，虫蛀。

4. 基础

现存状况：有沉降。

残损原因：地基沉降。

5. 地面

现存状况：为原有石质铺地，表面需要清理。

残损原因：年久失修。

6. 门窗

现存状况：清代样式，局部破损、断裂。

残损原因：年久失修。

7. 装饰

现存状况：部分石构件、柱础为清代样式，局部破损、断裂。

残损原因：年久失修。

8. 实测图

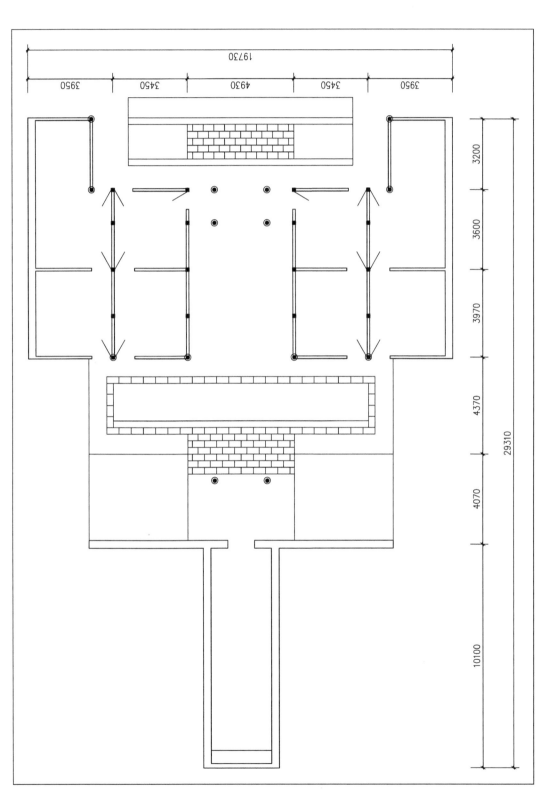

鄂东南快乐园、游艺所旧址平面图

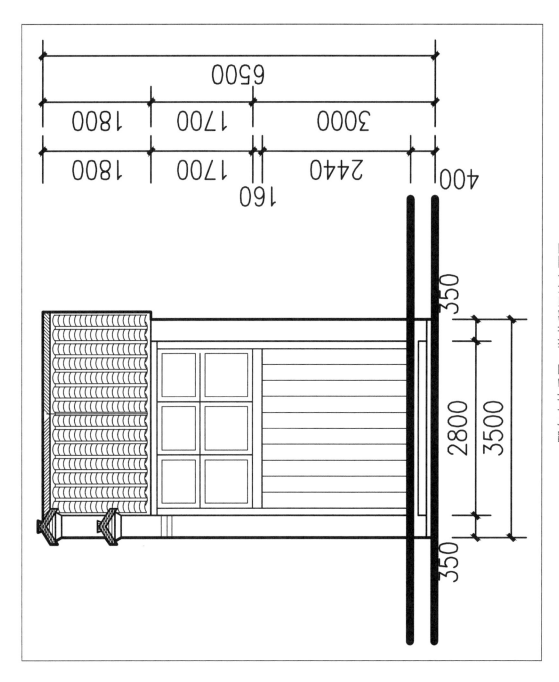

鄂东南快乐园、游艺所旧址立面图

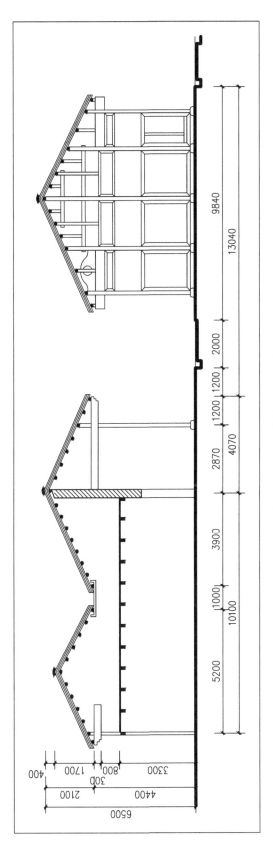

鄂东南快乐园、游艺所旧址剖面图

八、彭德怀旧居、劳动总社

1930年5月下旬，彭德怀同志率领红五军主力第四、五纵队，为巩固和扩大鄂东南根据地，将司令部设在这里。彭德怀同志住宿在这里的中重上厅南房，在这里调查研究，召开群众大会，传播毛泽东同志红色武装割据的思想和井冈山斗争的经验，整训和扩大红军队伍，筹划巩固和扩大鄂东南根据地的斗争，与龙港人民结下了深厚的感情。1932年2月至1932年9月，又在这里设立了鄂东南劳动总社。①

该旧址整体格局保存完好，部分梁柱、楼板及木构件都出现霉烂、虫蛀、墙体内裂、歪斜等现象，部分室内倾塌，现已封闭，建筑有塌毁的可能性。2004年湖北省文物部门完成维修方案设计。

彭德怀旧居、劳动总社旧址

---

① 《湘鄂赣边区鄂东南革命根据地龙港革命旧址——基本情况资料汇编》，阳新县龙港革命历史纪念馆 2001.12，56页。

彭德怀故居残损现状：

建筑面积：557.6平方米	所有权：镇政府
功能：闲置	建造年代：民国
建筑高度：二层	建筑结构：砖木

1. 屋面

现存状况：小青瓦，局部脱落。

残损原因：年久失修。

2. 墙体

现存状况：外立面抹灰，山墙青砖砌筑，端头有彩画，剥蚀严重；室内墙体洞口用红砖填充。

残损原因：年久失修，改造不当，雨水侵害。

3. 结构

现存状况：部分梁柱歪闪，二层楼板倾斜，院内散落大量建筑构件。

残损原因：年久失修，虫蛀。

4. 基础

现存状况：局部残破。

残损原因：地基沉降。

5. 地面

现存状况：原有石质铺地，室内局部水泥地面。

残损原因：年久失修。

6. 门窗

现存状况：室外部分门窗仅余洞口，室内木质门窗严重破损。

残损原因：年久失修。

7. 其他

现存状况：屋内有少量旧式生活用具。

8. 实测图

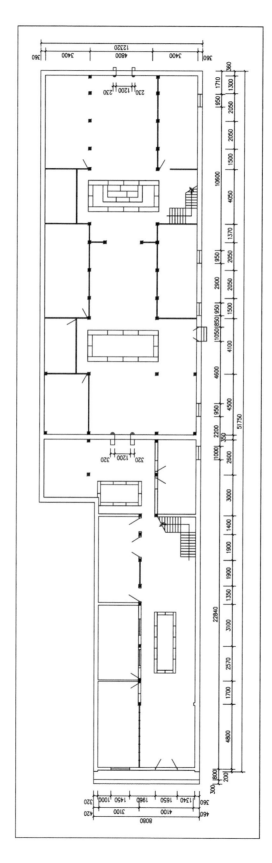

彭德怀同志旧居平面图

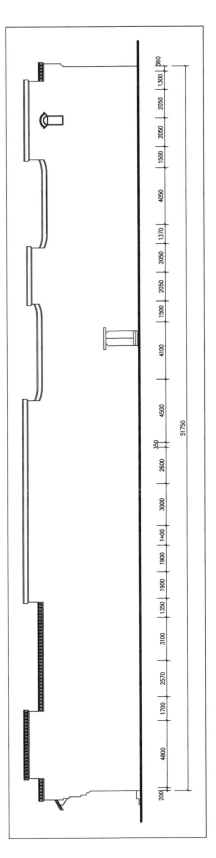

彭德怀同志旧居立面图

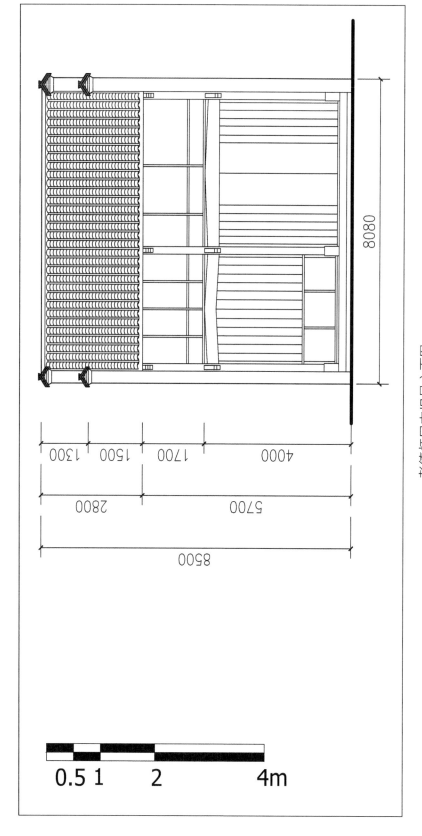

彭德怀同志旧居立面图

九、鄂东南中医院

根据鄂东南第一次工农兵代表大会决议，1930年6月在这里创办鄂东南中医院。在国民党反动派对苏区严酷的封锁镇压下，这里的医务人员自采、自制中草药，解决了医药困难，同时，深入农村防病治病，对保障苏区人民身体健康，支援革命战争做出了巨大贡献。①

鄂东南中医院

鄂东南中医院残损现状：

建筑面积：520平方米　　　　　　　所有权：阳新县第二人民医院

功能：医院　　　　　　　　　　　　建造年代：民国

建筑高度：二层　　　　　　　　　　建筑结构：砖木

1.屋面

现存状况：小青瓦屋面，近代翻修。

---

① 《湘鄂赣边区鄂东南革命根据地龙港革命旧址——基本情况资料汇编》，阳新县龙港革命历史纪念馆2001.12，65页。

残损原因：改造不当。

2. 墙体

现存状况：外立面抹灰，内院砖墙基部酥碱、发霉。沿街立面构造柱上写有对联和标语，字迹难以辨认。

残损原因：雨水侵害。

3. 结构

现存状况：木构架局部开裂。

残损原因：年久失修，虫蛀。

4. 基础

现存状况：无沉降。

5. 地面

现存状况：水泥地面。

残损原因：改造不当。

6. 门窗

现存状况：仅余洞口。

残损原因：人为破坏。

7. 实测图

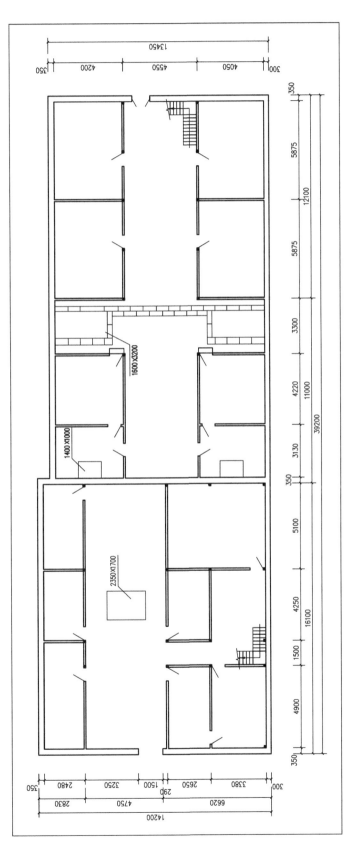

鄂东南中医院旧址平面图

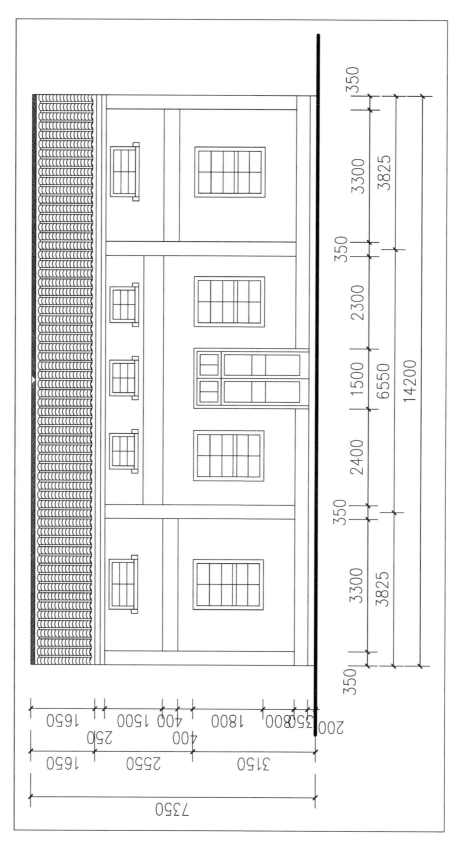

鄂东南中医院旧址立面图（一）

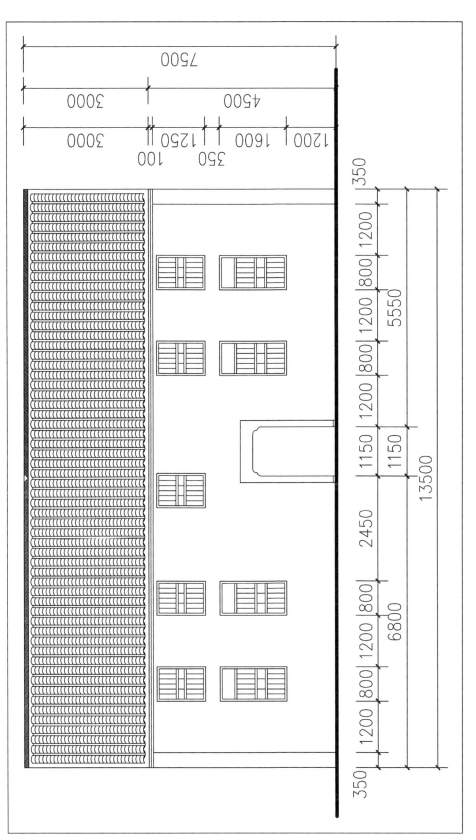

鄂东南中医院旧址立面图（二）

十、鄂东南总工会

1930年2月至1932年9月鄂东南总工会设在这里，主要活动是指导鄂东南苏区各县工会、直属厂矿、企业工会，组织工人群众学习马列主义和党的路线、方针、政策，参加苏维埃工作，协助政府管理商店、工矿、企业，组织工人纠察队维护治安和生产秩序，动员工人参军参战，保卫和扩大革命根据地。①

鄂东南总工会

鄂东南总工会残损现状：

建筑面积：100平方米　　　　　　所有权：私有

功能：作坊　　　　　　　　　　　建造年代：民国

建筑高度：二层　　　　　　　　　建筑结构：砖木

1. 屋面

现存状况：小青瓦屋面，近代翻修。

---

① 《湘鄂赣边区鄂东南革命根据地龙港革命旧址——基本情况资料汇编》，阳新县龙港革命历史纪念馆2001.12，70页。

2.墙体

现存状况：外立面一层表面抹灰，二层墙面木板缺失。

残损原因：改造不当。

3.结构

现存状况：木构架局部开裂。

残损原因：年久失修，虫蛀。

4.基础

现存状况：局部破损。

残损原因：地基沉降。

5.地面

现存状况：石质铺地，局部水泥砂浆地面。

残损原因：改造不当。

6.门窗

现存状况：仅余洞口，有铁护栏。

残损原因：改造不当。

7.实测图

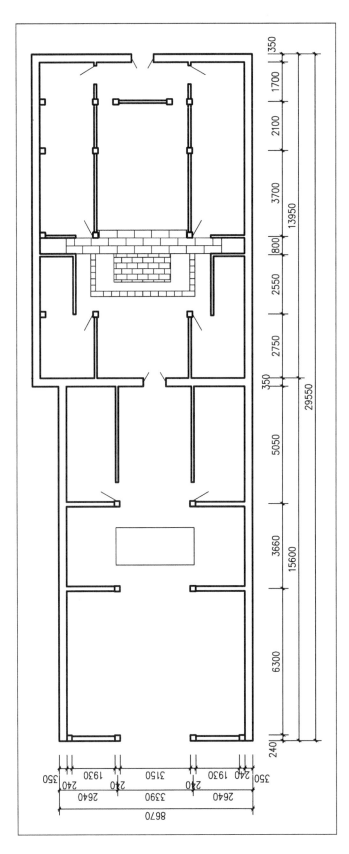

鄂东南总工会旧址平面图

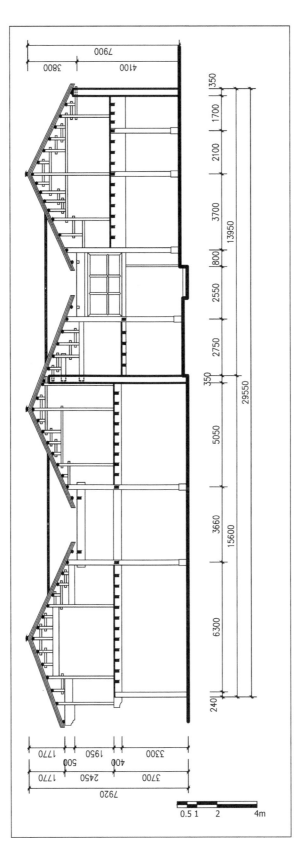

鄂东南总工会旧址剖面图

十一、鄂东南苏维埃

1931年2月，鄂东南苏维埃政府设在这里，下属政治保卫局、电台、编讲所、工会、反帝大同盟、经济委员会等48大机关和红三师等地方红军武装，先后管辖了阳新、大冶、鄂城、武宁、瑞昌等20个县300余平方千米600万人口的广大红色区域，领导军民巩固、发展根据地，为经济、文化、教育事业做出了重大成绩。1932年9月，龙港失陷，鄂东南苏维埃迁到通山。旧址原为数重院落的建筑群，主要建筑在新中国成立前被国民党毁坏，今仅存前屋。[①]

鄂东南苏维埃旧址

鄂东南苏维埃残损现状：

建筑面积：331平方米　　　　　所有权：私有

功能：居住　　　　　　　　　　建造年代：民国

建筑高度：二层　　　　　　　　建筑结构：砖木

---

① 《湘鄂赣边区鄂东南革命根据地龙港革命旧址——基本情况资料汇编》，阳新县龙港革命历史纪念馆2001.12，74页。

1. 屋面

现存状况：小青瓦屋面，近代翻修。

2. 墙体

现存状况：外立面抹灰，内院墙面抹灰剥落。

残损原因：改造不当，雨水侵害。二层外墙面有标语："战无不胜的毛泽东思想万岁。"

3. 结构

现存状况：木构架局部开裂。

残损原因：年久失修，虫蛀。

4. 基础

现存状况：残破，有沉降。

残损原因：地基沉降。

5. 地面

现存状况：石质铺地，水泥抹灰表面。

残损原因：改造不当。

6. 门窗

现存状况：窗外有铁栏杆。

残损原因：改造不当。

7. 实测图

十二、鄂东南红军招待所

1929 年 10 月至 1932 年 9 月，鄂东南红军招待所设在这里。有铺位 100 余个，接待过红军、赤卫队、党政干部，在此宿食的上述人员持有鄂东南特委介绍信，可受到免费接待。招待所还对过往红军予以慰劳，为大型会议提供服务。[①]

鄂东南红军招待所旧址

鄂东南红军招待所残损现状：

建筑面积：103.5 平方米 　　　　所有权：私有

功能：居住 　　　　　　　　　　建造年代：民国

建筑高度：二层 　　　　　　　　建筑结构：砖木

---

① 《湘鄂赣边区鄂东南革命根据地龙港革命旧址——基本情况资料汇编》，阳新县龙港革命历史纪念馆 2001.12，78 页。

1. 屋面

现存状况：小青瓦屋面，近代翻修。

2. 墙体

现存状况：红砖墙，二层外墙面有标语，难以辨认。

残损原因：改造不当。

3. 结构

现存状况：木构架局部开裂，构件破损。

残损原因：年久失修，虫蛀。

4. 基础

现存状况：残破。

残损原因：地基沉降。

5. 地面

现存状况：石质铺地，水泥砂浆表面。

残损原因：改造不当。

6. 门窗

现存状况：窗外有铁栏杆。

残损原因：改造不当。

7. 实测图

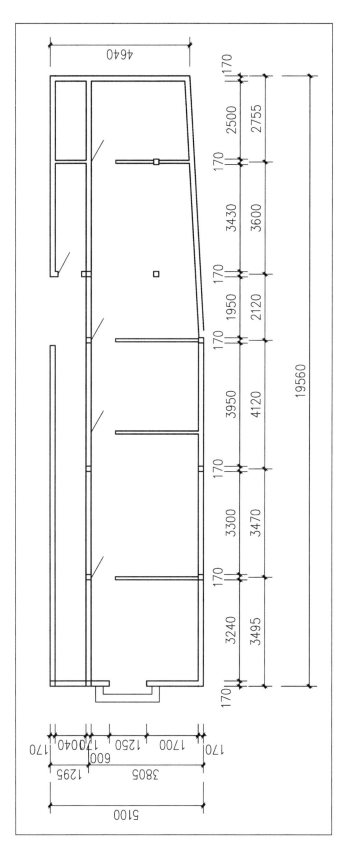

鄂东南红军招待所旧址平面图

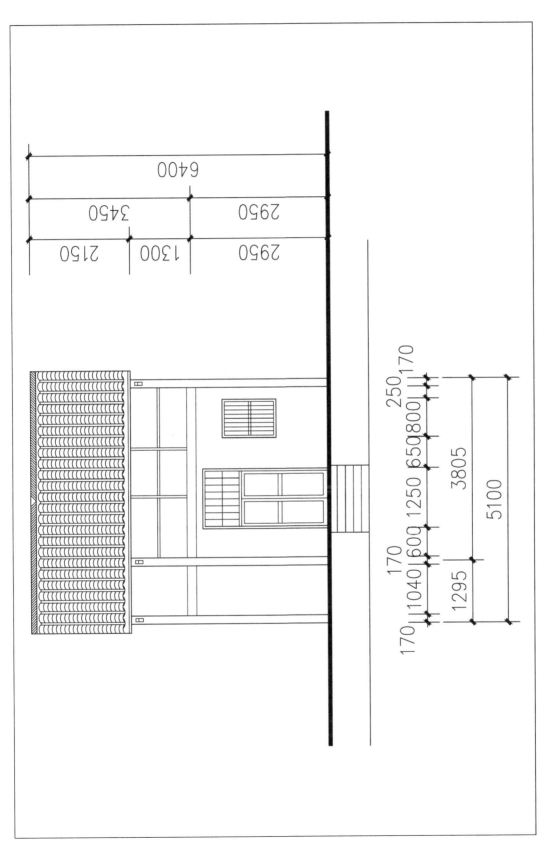

鄂东南红军招待所旧址立面图

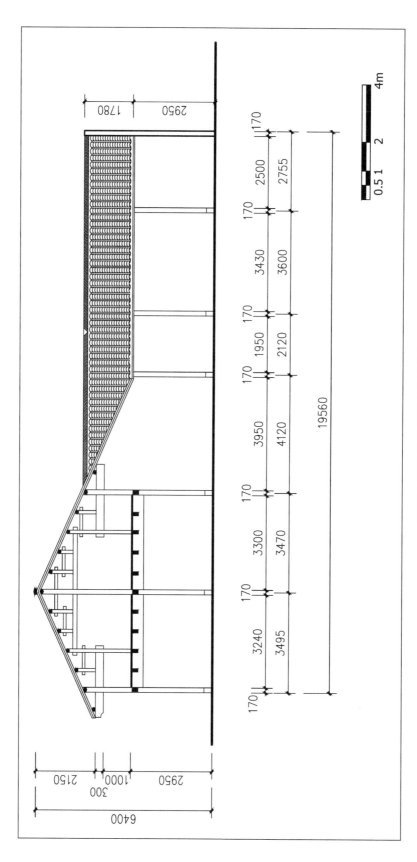

鄂东南红军招待所旧址剖面图

十三、鄂东南彭杨学校

彭杨学校旧址始建于清初，由学校遗址、肖氏祠、万寿宫三部分组成。

1930 年夏，彭德怀同志率红五军进驻龙港时，为加强军事、政治和干部队伍建设，并纪念在海陆丰起义中为革命献身的革命领导人彭湃、杨殷二位烈士，建议中共鄂东南特委创办彭杨学校，校址设在这里。学员来自红十六军、红三师的班排干部、地方赤卫队，游击队班长、小队长，每期二百至五百人，时间三个月、五个月、半年不等，开设军事、政治、国文课，还经常组织学员参加实践，为我军培养了一大批优秀指战员。旧址"万寿宫"西阁楼墙上仍留下当年学员参加通山战役后绘制的一幅"打到武汉去"的壁画。1932 年 9 月，彭杨学校改为随营学校而迁走。[①]

1938 年彭杨学校被日军烧毁。1953 年由中央慰问团拨款 3 亿元（现 3 万元）由曹思足、刘广明等负责修复。

由于年久失修，该旧址已经出现地基下沉，部分梁柱、楼板及木构件出现霉烂、虫蛀、墙体内裂等现象，部分室内已倒塌，现已封闭，建筑随时有塌毁的可能性。2004 年湖北省文物部门完成了维修方案设计工作。

（一）万寿宫

万寿宫残损现状：

建筑面积：总面积 2494.2 平方米　　所有权：彭杨中学

功能：锅炉房、水房，学生宿舍　　建造年代：1953 年修复

建筑高度：二层　　建筑结构：砖木

1. 屋面

现存状况：小青瓦，局部残破，瓦片残缺。

残损原因：年久失修。

2. 墙体

现存状况：大部分改为红砖墙，外墙抹灰，室内墙基处返潮。

残损原因：改造不当，雨水侵害。

---

① 《湘鄂赣边区鄂东南革命根据地龙港革命旧址——基本情况资料汇编》，阳新县龙港革命历史纪念馆 2001.12，43 页

万寿宫旧址

3. 结构

现存状况：主要结构形式改变，多数柱础上无木柱。

残损原因：年久失修，改造不当。

4. 基础

现存状况：残破。

残损原因：地基沉降。

5. 地面

现存状况：水泥砂浆地面。

残损原因：改造不当。

6. 门窗

现存状况：部分仅余洞口，用塑料布遮挡。

残损原因：人为破坏，改造不当。

7. 装饰

现存状况：局部有壁画，但已被粉刷。

残损原因：年久失修。

（二）彭杨中学

彭杨中学残损现状

建筑面积：总面积 2494.2 平方米　　所有权：彭杨中学

功能：废弃　　　　　　　　　　　建造年代：1953 年修复

建筑高度：一层　　　　　　　　　建筑结构：砖木

1. 屋面

现存状况：小青瓦，局部残破，瓦片残缺。

残损原因：年久失修。

2. 墙体

现存状况：表面抹灰，局部脱落；墙基处长有青苔。

残损原因：改造不当，雨水侵害。

3. 结构

现存状况：结构形式改变，砖构造柱加圈梁。

彭杨中学

残损原因：改造不当。

4. 基础

现存状况：残破。

残损原因：地基沉降。

5. 地面

现存状况：水泥砂浆地面，室内地面潮湿。

残损原因：改造不当，年久失修，雨水侵害。

6. 门窗

现存状况：部分洞口用红砖封堵。

残损原因：改造不当。

7. 装饰

现存状况：正立面为红五星，中央题字。

（三）肖家祠堂

肖家祠堂残损现状

肖家祠堂旧址

建筑面积：总面积 2494.2 平方米　　所有权：彭杨中学

功能：废弃　　　　　　　　　　　建造年代：1953 年修复

建筑高度：二层　　　　　　　　　建筑结构：砖木

1. 屋面

现存状况：小青瓦，局部残破，瓦片残缺；内院部分屋面塌陷。

残损原因：年久失修。

2. 墙体

现存状况：外墙灰砖砌筑，山墙表面抹灰，室内外墙基处返潮并长有青苔。

残损原因：改造不当，雨水侵害。

3. 结构

现存状况：室内多数原有木柱现为混凝土柱和砖柱代替。

残损原因：年久失修，改造不当。

4. 基础

现存状况：残破。

残损原因：地基沉降。

5. 地面

现存状况：水泥砂浆地面，内院地面杂草丛生。

残损原因：年久失修。

6. 门窗

现存状况：内院部分门窗被红砖封堵。

残损原因：改造不当。

7. 装饰

现存状况：室内局部木装修雕刻残破、缺失。

残损原因：年久失修。

8. 实测图

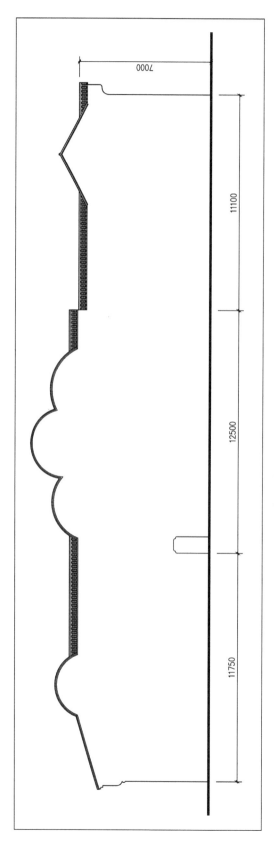

鄂东南彭杨学校旧址立面图（一）

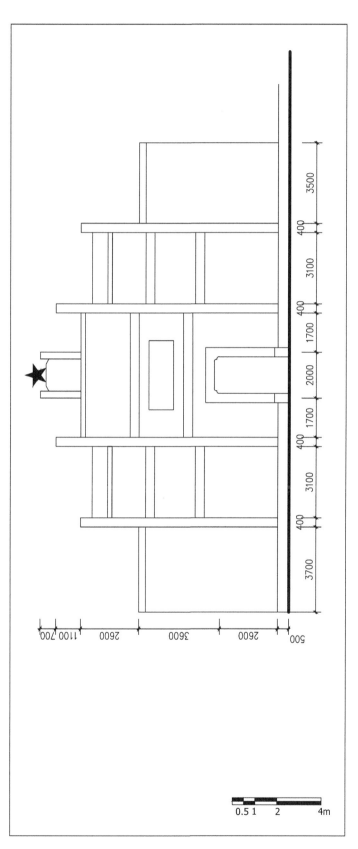

鄂东南彭杨学校旧址立面图（二）

十四、中共鄂东南特委

1931 年 2 月至 1932 年 9 月，中共鄂东南特委迁至龙港，为安全起见，将其秘密机关设在这里。此遗址原为三重院落的砖木结构建筑群，后被国民党反动派焚毁，仅剩一副石门框，门框两侧保留有"拥护苏维埃政权""推翻国民党统治"对联。1975 年龙港公社在遗址上重建前门楼，并在后面新建了龙港革命历史纪念馆陈列楼。[①]

中共鄂东南特委旧址

中共鄂东南特委残损现状：

建筑面积：95.76 平方米　　　　　所有权：镇纪念馆

功能：纪念、陈列展示　　　　　　建造年代：1975 年重建

建筑高度：一层　　　　　　　　　建筑结构：砖木

1.屋面

现存状况：小青瓦，排列整齐。

---

① 《湘鄂赣边区鄂东南革命根据地龙港革命旧址——基本情况资料汇编》，阳新县龙港革命历史纪念馆 2001.12，

2. 墙体

现存状况：外墙灰砖砌筑。

3. 结构

现存状况：较完好。

4. 基础

现存状况：无残破。

5. 地面

现存状况：局部水泥地面。

残损原因：改造不当。

6. 门窗

现存状况：较完好，门框两侧有对联。

7. 装饰

现存状况：门窗、山墙部分保留局部装饰。

8. 实测图

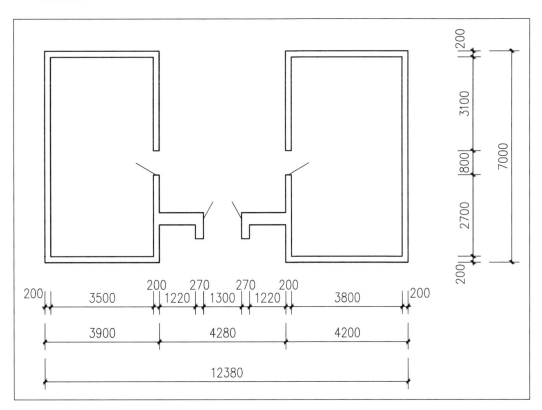

中共鄂东南特委旧址平面图

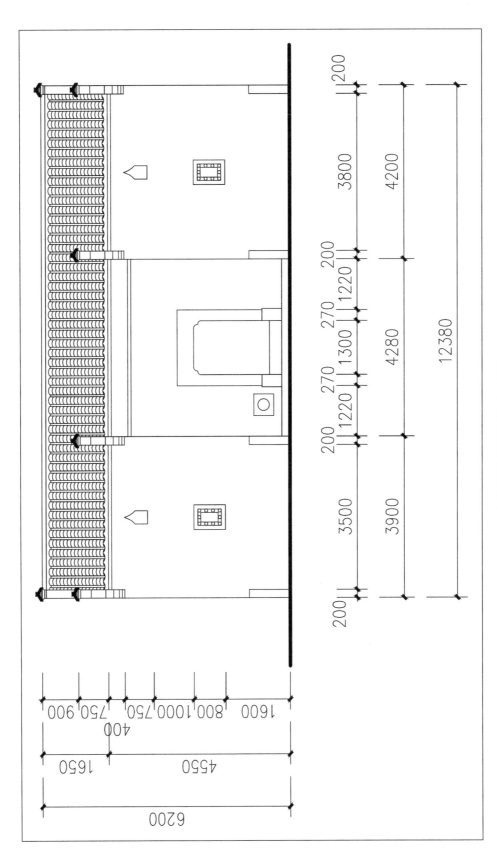

中共鄂东南特委旧址立面图

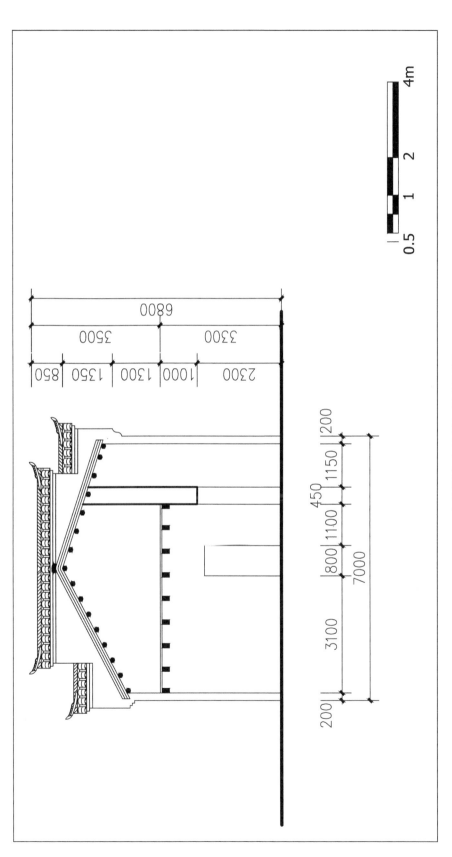

中共鄂东南特委旧址剖面图

十五、中共鄂东南特委防空洞

为了防御国民党反动派对特委机关的空袭，确保机关人员正常办公，中共鄂东南特委于1931年春在这里挖了一个防空洞，可容纳百余人。西洞顶原有一棵10余米高的古樟，挂大钟一口，作报警之用。[1]

目前所见防空洞为后来修复，采用了砖石结构，水泥抹面。

中共鄂东南特委防空洞旧址

防空洞残损现状：

建筑面积：30平方米 　　　　所有权：纪念馆

功能：展示 　　　　　　　　建造年代：1931年

建筑高度：一层 　　　　　　建筑结构：砖石

1. 墙体

现存状况：砖石墙体，洞口券顶水泥抹面，局部用清水红砖。整体状况较好，有

---

[1] 《湘鄂赣边区鄂东南革命根据地龙港革命旧址——基本情况资料汇编》，阳新县龙港革命历史纪念馆2001.12，

细微裂纹。

残损原因：改造不当。

2. 结构

现存状况：砖石结构，水泥砌筑，现状完好。

残损原因：改造不当。

3. 地面

现存状况：水泥地面。

残损原因：改造不当。

4. 实测图

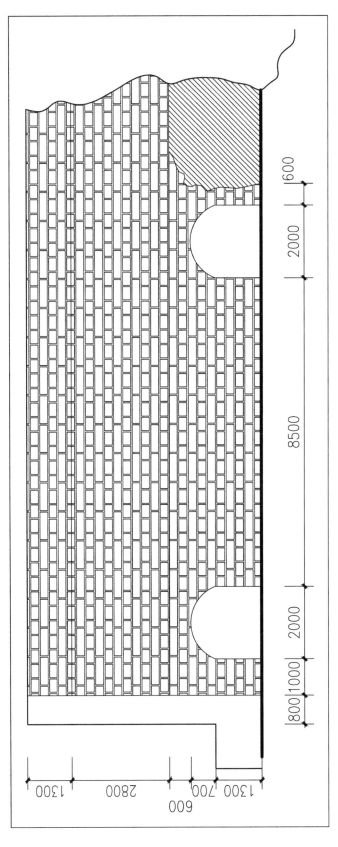

鄂东南特委防空洞现状立面图

十六、龙燕区第八乡苏维埃政府

1929年—1931年，龙燕区第八乡苏维埃设在这里，有正、副主席和土地、粮食、经济、裁判、妇女、文化委员各一名，管辖18个村。平面由二进、一天井、三开间组成，二层单檐砖木结构瓦房，小青瓦屋面，墙体搁檩。前重靠后设有二厢房，木板壁、格窗、木地板装修，余为三合土地面。二楼用楼板枋和木楼板隔层，前重天井檐下装有木构件回廊，设花格栏杆。前大门门额上保留"苏维埃"字样；前重内墙壁保留有土地革命时期的对联，另有墨笔行书《中国共产党十大政纲》全文。旧址占地175.5平方米。旧址原属洋港镇胡桥村办公用房，现将产权移交给龙港革命历史纪念馆。

第八乡苏维埃政府旧址

龙燕区第八乡苏维埃政府残损现状：

建筑面积：175.5平方米　　　　　所有权：镇纪念馆

功能：闲置　　　　　　　　　　建造年代：1931年

建筑高度：一层　　　　　　　　建筑结构：砖木

1. **屋面**

现存状况：小青瓦，排列整齐。

2. **墙体**

现存状况：表明抹灰，局部脱落；墙基处长有青苔。壁画，革命对联。

残损原因：改造不当，雨水侵害。

3. **结构**

现存状况：较完好。

4. **基础**

现存状况：无残破。

5. **地面**

现存状况：地面完整，大面积青苔。

残损原因：改造不当，雨水侵害。

6. **门窗**

现存状况：较完好。

7. **装饰**

现存状况：较完好。

8. **实测图**

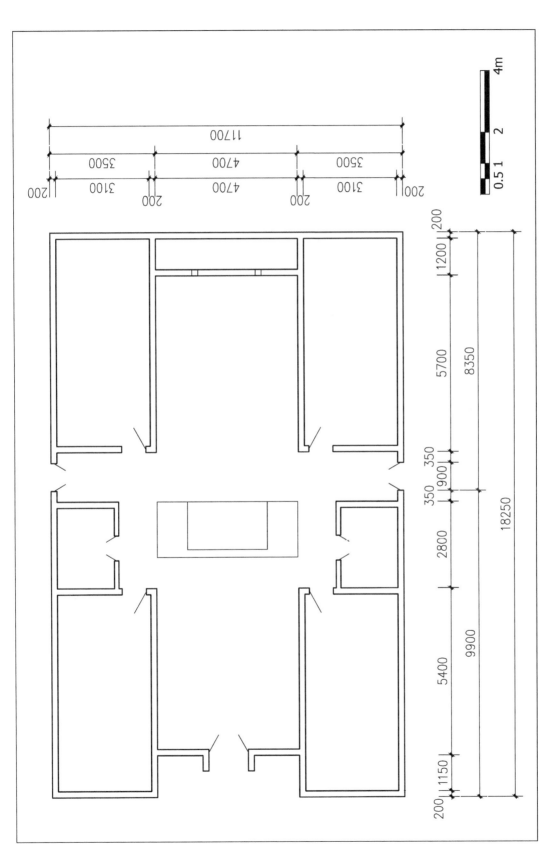

第八乡苏维埃旧址平面图

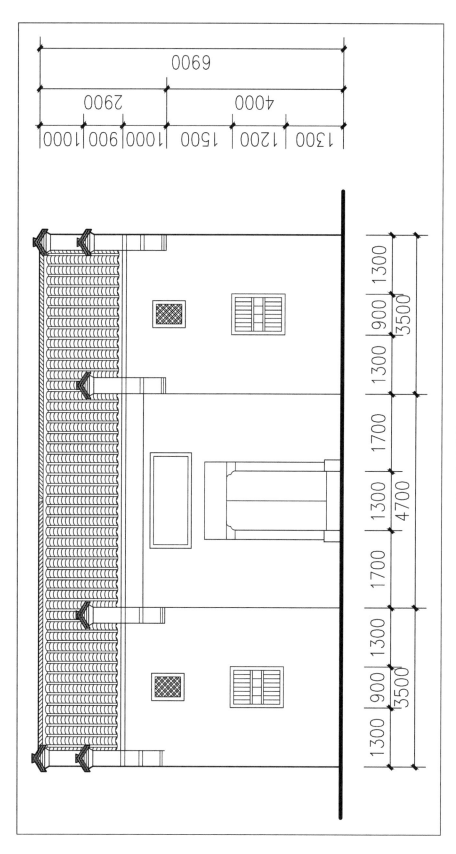

第八乡苏维埃旧址立面图

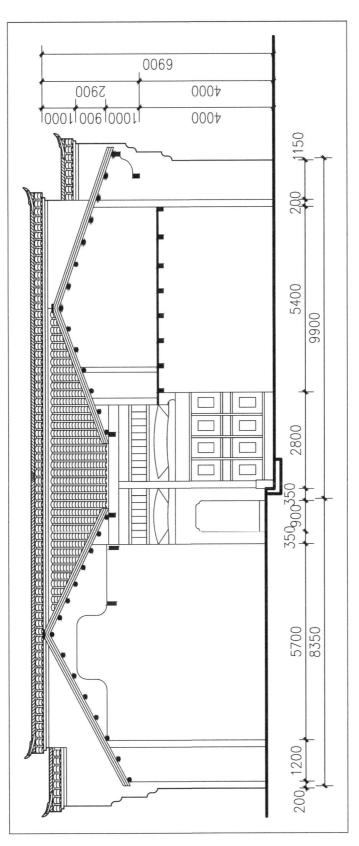

第八乡苏维埃旧址剖面图

评估篇

第一章 价值评估

第一节 龙港革命旧址文物建筑价值

龙港作为土地革命时期湘鄂赣革命根据地的中心，保存下来的革命旧址具有重要的文物价值。

一、历史价值

龙港革命旧址群是土地革命战争时期的历史遗产。

1927年9月，党在龙港领导"秋收暴动"，实行工农武装割据。1929年至1930年，李灿、何长工、彭德怀率红五军先后进驻龙港，开创鄂东南革命根据地。嗣后，直属中央的鄂东特委、隶属中央湘鄂赣省委的鄂东南特（道）委先后在龙港设立，领导湘鄂赣边境地区21个县（市）的革命斗争。是时，龙港成为鄂东南革命根据地政治、军事、经济、文化中心，云集党、政、军、工厂、学校、医院、银行、商店等48大机关，被誉为"小莫斯科"。

龙港革命旧址群，是一座天然的革命历史博物馆。

龙港革命旧址群保存有中共鄂东南道委、鄂东南彭杨学校、彭德怀旧居、劳动总社、红军后方医院、鄂东南工农兵银行等党、政、军、群机关和银行、工厂、学校、医院等旧址70余处，并保存有大量的与革命旧址相关的墙标、壁画、文告、书刊、武器、图章、革命烈士遗物等文物及文献资料，还有红军烈士墓2832冢。这些旧址、文物、遗址，为研究革命根据地党的建设、政权建设、军事建设、经济建设和文化建设提供了翔实的实物见证和文献依据，是一部使广大人民群众和青少年了解历史，认识国情，继承中华民族光荣传统的生动教材。各革命根据地均保存有革命旧址，但像龙港这样集中、完整地保存下的革命旧址群，在全国实属罕见。

龙港保留的革命旧址丰富且集中，是目前现存的早期红色政权中心的典型代表，具有重要的历史价值。

二、艺术价值

龙港革命旧址群，是一座苏区文化艺术的宝库。

龙港革命旧址群保存下来的近百幅墙标和壁画，多出自农村知识分子和民间艺人之手。不少墙标的书法艺术造诣很高，特别是许多壁画，主题鲜明、形象生动、线条优美、色彩明快，具有浓郁的地方民间艺术特色，堪称苏区文化艺术的珍品。

龙港革命旧址群，是地方民居群落的代表。

龙港革命旧址基本上是砖木结构的一至二层的民居建筑，其历史环境也是当地典型的民居村落。当地民居属于鄂东南民居，采用砖木结构，天井院落层层相套，天井周围木构件雕栏画栋，十分精美。环境十分优美宁静。老房子都集中分布在长600米老街上，老街曲曲折折，格局完好，一幢幢老建筑沿老街逐次展开，鳞次栉比，格局完整，风格古朴，具有较高的艺术价值。

三、科学价值

龙港革命旧址群集中反映了土地革命时期鄂东南革命根据地的政治、经济及社会生活情况，为研究党在鄂东南地区的革命斗争史和彭德怀等老一辈无产阶级革命家在鄂东南地区的业绩，以及革命根据地党的建设、政权建设、军事建设、经济建设和文化建设提供了翔实的实物见证和文献依据。

四、其他价值

（一）龙港镇具有光荣的革命文化传统，具有丰富的文化价值

龙港镇具有光荣的革命文化传统，当地人民群众积极参加革命，巩固红色政权，扩大革命根据地，当地至今流传着许多革命斗争时期的故事和传说，保留了大量的革

命歌曲。

战争时期，龙港儿女不畏牺牲，前仆后继。今天，龙港镇范围还保存有 6 处红军烈士墓群，安葬着 2832 位来自湖南、江西、广东、湖北等地的红军战士遗骨，他们的英雄故事也在龙港地区广为流传。中共阳新县委 1984 年出版《英烈传》[①]，收录了大量在革命战争中牺牲的烈士故事。龙港革命旧址中有许多就是他们工作、战斗过的地方，流传着大量的故事和传说。

同时，以龙港为中心的鄂东南政权下，产生了许多文化社团剧团，排演了大量的革命戏，产生了大量的革命歌曲，有些歌曲至今仍在老一辈当中流传。1980 年，中共阳新县委根据中央"抢救民族民间文化遗产"的指示精神，深入民间采集，历时两年编辑出版了《阳新县革命历史歌曲》[②]。歌曲的内容全面反映了当时根据地的政治、经济、文化等众多方面的内容，具有丰厚的文化价值。

1975 年在中共鄂东南特委遗址上修建龙港革命历史纪念馆，保护管理存留下来的大批革命旧址和革命文物，增添了龙港革命旧址的历史信息，丰富了革命旧址的文化内涵。

（二）龙港革命旧址作为珍贵的革命历史见证，具有很高的社会知名度，其潜在的社会价值是巨大的

首先，龙港革命旧址是当地重要的爱国主义教育基地和文物展览场所，龙港革命旧址群及以其为依托的龙港革命历史纪念馆，是向人们进行传统教育和爱国主义教育的课堂，通过对与革命旧址相关的墙标、壁画、文告、书刊、武器、图章、革命烈士遗物等文物及文献资料的充分展示，负担起对社会的教育功能。

其次，继承龙港的革命精神也是当前时代发展的需要。龙港革命旧址群和龙港革命历史纪念馆收藏的文物和资料，展示了湘鄂赣苏区革命斗争史，展现了第二次国内革命战争时期为中华民族的独立和人民的解放事业而英勇献身的先烈们的英雄事迹和崇高精神，反映了根据地党、政、军、民的优良传统，再现了彭德怀等老一辈无产阶级革命家在鄂东南的光辉业绩。这对调动广大人民群众的爱国主义热忱，弘扬民族文化，振奋民族精神，凝聚民族力量，推动社会进步和经济发展，加强精神文明建设，都起到了不可替代的作用。

---

① 《英烈传》，中共阳新县委党史办公室，湖北省黄石市印刷厂，1984。
② 《阳新县革命历史歌曲》，中共阳新县党史办公室，阳新县印刷厂，1980。

最后，在严格保护和管理的前提下，龙港革命旧址可以通过适当的文化旅游引导，成为游览胜地，特别是在国家公布《2004—2010 年全国红色旅游发展规划纲要》的背景下，发展龙港地区的红色旅游，与国家红色旅游产业的发展结合起来，既为当地的经济发展带来效益，也可以成为宣传龙港的重要的窗口。

综上所述，龙港革命旧址群集中反映了土地革命时期鄂东南革命根据地的政治、经济及社会情况，为研究党在鄂东南地区的革命斗争史和彭德怀等老一辈无产阶级革命家在鄂东南地区的业绩，以及革命根据地党的建设、政权建设、军事建设、经济建设和文化建设提供了翔实的实物见证和文献依据，体现了高度的独特性、典型性和丰富性，具有较高的历史、艺术、科学、文化和社会价值，是一处不可替代的珍贵革命文化遗产。

第二节 "红色旅游"与龙港革命旧址

一、发展红色旅游的背景、意义及目标

目前，国家将大力发展红色旅游产业。2004 年 12 月，中共中央办公厅、国务院办公厅印发《2004—2010 年全国红色旅游发展规划纲要》（以下简称《纲要》），就发展红色旅游的总体思路、总体布局和主要措施做出明确规定，并于 2005 年 2 月 22 日正式颁布实施。

《纲要》指出，发展红色旅游，对于加强革命传统教育，增强全国人民特别是青少年的爱国情感，弘扬和培育民族精神，带动革命老区经济社会协调发展，具有重要的现实意义和深远的历史意义。发展红色旅游有利于加强和改进新时期爱国主义教育，有利于保护和利用革命历史文化遗产，有利于带动革命老区经济社会协调发展，有利于培育发展旅游业新的增长点。发展红色旅游，具有重要的政治意义，深刻的文化意义和显著的经济意义。

《纲要》强调，发展红色旅游要坚持把社会效益放在首位，坚持因地制宜、统筹协调、多方参与的基本原则，并提出发展红色旅游六大目标：

1. 加快红色旅游发展，使之成为爱国主义教育的重要阵地。

2. 培育形成 12 个"重点红色旅游区"，使其成为主题鲜明、交通便利、服务配套、

吸引力强的旅游目的地。

3. 配套完善 30 条"红色旅游精品线路"。

4. 重点打造 100 个左右的"红色旅游经典景区"。

5. 重点革命历史文化遗产的挖掘、整理、保护、展示和宣讲等达到国内先进水平，列入全国重点文物保护单位的革命历史文化遗产，在规划期内普遍得到修缮。

6. 实现红色旅游产业化，使其成为带动革命老区发展的优势产业。

二、国内红色旅游的发展区域和线路

《纲要》指出，发展红色旅游的主要任务是建设红色旅游精品体系、建设红色旅游配套交通体系、建设红色旅游资源保护体系、建设红色旅游宣传推广体系、建设红色旅游产业运作体系。

在总体布局中，《纲要》要求围绕中国革命八方面的内容发展红色旅游，其中第二方面为："反映新民主主义革命时期建党建军等重大事件，展现中国共产党和人民军队创建初期的奋斗历程"，"反映中国共产党在土地革命战争时期建立革命根据地、创建红色政权的革命活动"。中国共产党在龙港创建了红八军，建立了鄂东南革命根据地，龙港革命旧址正是这一时期革命活动的历史见证。

《纲要》提出了培育 12 个"重点红色旅游区"，规划 30 条"红色旅游精品线路"，重点建设 100 个"红色旅游经典景区"的要求和这些红色旅游区、精品线路和经典景区工作的具体内容。

三、龙港革命旧址的价值定位

从《纲要》中提出的红色旅游的意义来分析，龙港革命旧址具有特别的红色旅游价值，具有发展红色旅游的资源优势[①]。

龙港是中国最早建立的红色区域之一，"八七"会议后的 1927 年 9 月，中共湖北省委在龙港组织了"秋收暴动"，在阳新率先点燃了武装革命斗争的烈火。次年春，龙

---

① 龙港革命旧址群目前尚未列入红色旅游发展纲要的景区目录。

港党组织又发动了黄桥、朝阳、茶寮三地武装暴动，随后建立了区、乡、村各级苏维埃政权，创建鄂东南根据地，使龙港成为湘鄂赣边区鄂东南最早的红色区域之一。

龙港是我党建军历程中的重要一环。1929 年 7 月，中共湖北省委鄂东办事处将阳新、大冶两县特务队、赤卫队与手枪队合编成中国工农红军第十二军，后编入红五军。1930 年 6 月，龙港人民掀起了热烈的拥军高潮，在龙港人民踊跃参军参战的热潮中，兵源给养得到了充分的保证，红五军迅速发展壮大。由红五军第五纵队扩编成红八军，军长何长工，下辖三个纵队，近 5000 人。1930 年夏，在刘仁八镇成立中国工农红军第三军团。由彭德怀任总指挥，滕代远任总政委，黄公略任副总指挥，下辖红五军和红八军，是我党土地革命时期的主力武装之一，在长征中做出了巨大牺牲。

作为土地革命时期鄂东南政权的中心所在，龙港集中了我党早期政权的各种机构，反映出我党在工业、农业、军事、商业等各方面的政策和制度。管辖地域包括湖北的阳新、大冶、鄂城、蕲春、蕲水、广济、黄梅、通山、崇阳、通城、嘉鱼、蒲圻、咸宁、武昌和江西的武宁、瑞昌、九江、德安、星子以及湖北的临湘等 21 个县，共 600 多万人口。1929 年—1931 年期间，鄂东南苏维埃政府、红军独立第三师、鄂东南工农兵银行、红军后方医院、彭杨学校等鄂东南政权 48 大机关在龙港相继成立，龙港成为鄂东南革命根据地的政治、经济、文化中心，是我党早期政权中心的典型。

记载和见证这段光辉历史的龙港革命旧址，具有较高的旅游展示价值。另外，在龙港镇及附近乡村依然保留大量革命歌曲和革命曲目，许多革命先烈的传说仍在当地流传，这些无形类的文化遗产和龙港革命旧址一起成为发展红色旅游、展示革命历史的重要内容。

综上所述，结合土地革命时期龙港革命旧址的重要历史地位，发展龙港地区的红色旅游事业，对于加强革命传统教育，增强青少年的爱国情感，弘扬和培育民族精神，带动龙港革命老区经济社会协调发展，具有重要的现实意义和深远的历史意义。因此，根据《纲要》中就发展红色旅游的总体思路、总体布局和主要措施做出的相关规定，并且基于对阳新县龙港镇现存文物建筑及其附属文物历史信息的解读，我们认为龙港革命旧址具有较高的历史、艺术、科学、文化和社会价值。

第二章 环境评估

第一节 用地性质

公布为全国重点保护单位的龙港16处革命旧址全部在龙港镇，其中15处集中在龙港老街上，另外一处龙燕区第八乡苏维埃政府位于距龙港镇区10千米外的胡桥村内。106国道自北向南穿过整个龙港镇区，城镇主体沿106国道两侧发展，南北长约2000米，东西宽约1000米。老街处于国道与龙港河之间，长600多米，是龙港镇原来的主要街道。

目前沿国道主要是两三层的商业和商住建筑，街后是大量的居民房，小镇边缘就是广大的田地和山林。镇上分布有医院、学校、银行、市场以及政府部门等单位，和民居混杂在一起。近几年来，整个小镇的建筑更新非常快。由于缺乏统一的规划，大规模的更新建设已经影响到老镇革命旧址的存在。

总体说来，龙港镇用地基本分为建设用地和自然用地（农田、自然山坡）等，各街块建设杂乱，性质不明，主要以居民自盖楼为主，掺杂学校、医院、政府等单位用地。

老街所在地块内建筑更新非常快，从106国道街面逐渐向纵深发展，压迫老街建筑，使得老街上许多具有特色的老房子逐渐丧失，部分"国保"建筑也遭受到较大的破坏。

鄂东南特委旧址所在地为龙港革命历史纪念馆，馆后有一座小山丘，为革命烈士陵园，也属于纪念馆范围。街块内的建设缺乏有效控制。

彭杨学校旧址仍位于现彭杨中学内，整个中学基本上占用了一个单独街块。旧址位于操场一侧。因为校园建设、设施更新的需要，近几年盖起了新的校舍和教学大楼，由于学生众多，校方无法对彭杨学校旧址进行有效的管理和保护。

龙燕区第八乡苏维埃政府位于距离龙港镇 10000 米外的胡桥村，整个村落背倚大山，前面是平坦的粮田，村落老房子保留较好，有少量新建的瓷砖房子，历史环境总体保留较好。

第二节 道路系统

目前龙港镇主要沿 106 国道两侧发展。通过小镇的过境交通主要有 106 国道和通往洋港的龙洋路。随着小镇的发展，镇上陆续新修了 4 条道路，路面状况良好。镇上原有老街道较狭小，基本上是砂石路面。龙港老街最早是青石板路面。

龙港老街基本保持了自清末以来的街巷空间格局，街道蜿蜒曲折，长 600 余米，宽约 5 米，但路面被多次整修。原为青石板路面，现为水泥砂浆路面。老街两侧的许多古巷在城镇更新中面临消失的危险。

总体来看，目前龙港镇道路体系主要由南北向的 106 国道为主，若干条东西向道路与国道相连，构成鱼骨状道路体系。东西向道路主要有红军路、龙罗路、龙洋路、陵园路等，道路通向镇外，与村落土路和田埂路相连。

从道路宽度、路面状况、通畅程度等几方面对龙港镇道路进行现状评估，做出评价。

对主要道路的状况列表如下：

龙港镇道路现状调查表

	道路类型	道路铺装	路面残损	通畅程度
106 国道	国道	沥青	轻微	通畅
红军路	街道	砂石	中度	通畅
龙罗路	街道	沥青	严重	不畅
龙洋路	街道	沥青	严重	不畅
老街	巷道	石板、水泥	严重	通畅
移昌巷	巷道	水泥	中度	不畅

龙燕区第八乡苏维埃政府位于镇区 10000 米外的胡桥村，目前有龙港镇至洋港镇的道路经过胡桥村，道路便利，路面状况良好。

第三节　水系

龙港镇内有两条河，一条是位于老街背后（东边）的龙港河，另一条是位于彭杨学校北面的下陈河，两河由南向北在龙港镇东北角交汇，共同汇入朝阳河。

龙港河从老街背后流过，河道迂回，水流平缓，也称为小港。

现场调查发现，龙港河、下陈河两条水系各有分支，由于城市建设的需要，许多分支都被封堵，水流不畅。部分河道内杂草丛生，淤泥堆积，成为镇上居民倾倒垃圾的场所。

从保护角度来看，龙港镇上的水系是古镇风貌的重要组成部分，是龙港革命旧址得以保存和延续的重要历史环境之一。

从类型，河道宽度、护坡、通畅程度、污染程度对水系进行现状评估，做出评价。

河道现状调查表

	河道类型	污染程度	通畅程度	护坡状况
龙港河	支河道	较重	不畅	自然坡
下陈河	支河道	严重	堵塞	人工坡
朝阳河	主河道	一般	通畅	自然护坡

第四节　基础设施

一、给排水系统

龙港镇排水系统主要通过道路暗沟，逐级汇合，从南向北排向龙港河。

镇上 106 国道两侧有雨水暗沟，直接排入龙港河内。红军路、龙罗路、龙洋路等街道两侧的暗沟与国道相连，另外当地居民也自己开挖明沟与道路暗沟相接。

老街道路中间有一道排水暗沟，上铺青石板，暗沟从南向北直接排入龙港河，各家内院天井下有暗沟与老街相通，生活污水就直接倾倒在天井内，流入街道的暗沟。这一排水体系应该基本保留了历史的原貌，格局也较完整，具有一定的价值。

现场调查发现，龙港镇虽然有体系完善的排水系统，但是由于缺乏维护，许多排水沟已经被垃圾或淤泥阻塞，导致排水不畅。2005 年 5 月，第二次调研时候，因为雨水倒灌，老街中间的暗沟被居民挖开 50 米，清除垃圾淤泥。另外，由于居民自建新房，往往自己砌筑地面，明沟与暗沟相接，宽窄不一，形式各式各样，随意性大，不仅影响美观而且破坏城市道路。

调研发现，龙港老街上至今没有通自来水，老街居民至今仍靠水井作为生活水源。

作为全国重点保护单位，龙港革命旧址大部分都是砖木结构的老房子，镇上没有设置消防水源，没有消防管网和消防栓。目前政府部门仅仅给"国保"住户发放了小型泡沫灭火器，无法满足消防安全的需要。

二、电力系统

龙港镇有一座小型变电站，给全镇提供照明用电。镇上基本实现户户通电，通过电线杆架设线路，镇上共设有 4 个变压器。

镇上还设有通信线路和电信线路，也是通过电线杆架设传送。

由于所有电力、电信线路全部采用地面架设，街道两旁电线杆众多，线路布置在空中比较凌乱，严重影响城市景观。

由于城镇不断发展更新，电力线路不断变更，原有的电线杆布置无法满足新线路布置的要求，许多电线杆已经废弃，孤立在街道两旁，同时又增设了许多新电线杆。由于缺乏统一规划，线路已经十分混乱。

由于龙港镇居民自建房比例很大，建设往往也带有很大的随意性，一定程度上存在私接线路的现象，而政府部门往往不可能细查，加之部分线路老化，存在严重的安全隐患。从使用上看，架设露明线路也不便于城市发展，影响城市美观。

三、垃圾处理

垃圾问题在龙港镇比较突出，调研发现，龙港镇街头巷尾及各条河道中，垃圾随处可见，沿街商铺小贩可以随意在路旁倾倒垃圾。虽然龙港镇有专门的环卫人员早晚清扫，仍无法保障街面的整洁，来不及清理的垃圾随雨水冲入排水沟，造成阻塞。

龙港镇设有一定的垃圾转运设施，但从执行的情况看，效果不佳。老街仍然采用水泥修葺的旧式垃圾场，垃圾转运全靠人力，无法保障清理干净，容易传播病菌。河道中的垃圾更是环卫部门无法清理的，时间一久，细菌繁生，气味难闻。

第五节　老街环境评估

龙港老街依然保持着历史格局，蜿蜒曲折。但是由于历史变迁，特别是"文化大革命"十年的破坏和市场经济时期的建设，老街的风貌遭到巨大破坏，大量清末时期的老房子被拆毁，代之而起的是镶嵌白色瓷砖的现代小楼。有的体量较大，与老街整体风貌极不和谐。这些新式建筑和改建房屋对老街的整体保护带来了严重的影响，与文物保护单位的环境风貌极不协调，严重破坏了原有风貌，极大地损害了历史的原始风格。[1]

老街上的新建筑

---

[1] 《关于鄂东南革命根据地"龙港革命旧址"整体保护维修情况的报告》，阳新县文化体育局2001.11.21。

老街缺乏必要的基础设施，没有固定垃圾箱，排水设施落后，至今没有自来水，居民自行挖井取水。没有消防水网，防火措施仅仅靠发放有限的泡沫灭火器。据统计，龙港革命旧址每处配置干粉灭火器 2 只，共 32 只；另有手抬式高压消防水泵 3 台（套）。由于缺乏水源，无自来水设施，未配消防栓，电力线路靠电线杆空中架设，多年以来居民私自接线严重，线路十分混乱，存在着安全隐患。

老街街尾有数家木材加工厂，占用砖木结构的老房子加工木材。木材沿街堆放，碎料四处散开，一旦起火，整条街都可能被焚毁，火灾隐患十分严重。

第三章　建筑现状评估

第一节　龙港镇文物建筑评估

一、风貌价值评估

文物建筑具有特殊的历史、科学和文化价值。作为"国保"建筑的革命旧址，现存16幢文物建筑均为砖木结构的地方民居。针对该16处文物建筑的情况，考虑建筑本体现状以及相关历史因素，对国保建筑进行调查和评价。

龙港镇共有16处国家级文物保护单位，其中12处分布在龙港老街两侧。分别从建筑的艺术价值、始建年代、建筑材料、建筑高度、建筑结构、建筑功能、历史完整性和历史功能评价等8个方面进行文物建筑历史价值的评价，得出风貌价值评估结论。

评估每项采用10分制，对重要项目评估结果乘以相应加权系数，总评为各项得分累加之和，再换算为百分制，便为该文物建筑风貌的评估结果。

1.建筑艺术价值（该项加权系数为：2）

建筑艺术价值的评定主要根据建筑物本身的艺术特色。

艺术价值	极高	特别	高
评估量值	10	8	6

2.始建年代（该项加权系数为：2）

时代	清代	民国	新中国成立后	新建
评估量值	10	8	4	2

3. 建筑材料

材料	木装	石、土砖	灰砖	红砖、水泥、涂料
评估量值	10	8	6	4

4. 建筑高度

层数	一层	二层	三层
评估量值	10	8	4

5. 建筑结构

结构形式	木构	砖木	砖构	其他
评估量值	10	8	6	4

6. 建筑功能

种类	文物古迹	手工作坊、居住	医疗卫生	市政设施、其他
评估量值	10	8	4	2

7. 历史完整性（该项加权系数为：2）

历史完整性主要是指现存 16 处文物建筑格局的完整性，调研发现，许多文物建筑原来可能有几进院落，现在已经不完整或部分被改建了。

种类	完整性	部分缺失	不完整	不祥
评估量值	10	6	2	0

8. 历史功能的价值评价表（该项加权系数为：2）

现存 16 处文物建筑均是龙港革命政权时期的机关，根据相关历史人物和机构职能的重要性，进行评价。

种类	彭杨学校、彭德怀故居、龙燕区苏维埃旧址、鄂东南苏维埃旧址	中共鄂东南道委、少共鄂东南道委、鄂东南政治保卫局、鄂东南特委	鄂东南中医院、鄂东南工农兵银行、鄂东南游艺园、鄂东南总工会、特委防空洞、鄂东南电台和编讲所、红军招待所
评估量值	10	8	6

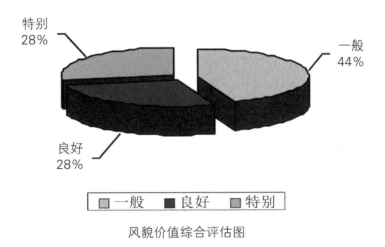

风貌价值综合评估图

二、残损评估

文物建筑残损评估主要是针对建筑的各个部位进行残损状况的分项调查和评估，并采用一定的分析计算对各项调查结果进行综合，完成建筑的残损评价。

残损评估内容分6项，分别为基础残损、结构残损、外墙残损、屋面残损、装饰残损和使用状况。

评估每项为10分制，总分为各项得分累加之和，再换算为百分制，便是该文物建筑残损的综合评估结果。

1. 基础残损（该项加权系数为：2）

基础状况	完好	一级残损	二级残损	三级残损
评估量值	10	8	4	2

完好：保留完整。

一级残损：基础整体形态较好，材料统一，有轻微破损。

二级残损：基础整体形态较好，有严重的破损。

三级残损：基础整体存在变形或开裂。

2. 结构残损（该项加权系数为：2）

残损情况	完好	一级	二级	三级	四级
评估量值	10	8	6	4	2

完好：保留完整，仍有足够承载能力。

一级残损：整体形态较好，有承载力，局部破损。

二级残损：整体形态较好，材料混乱，构件破损普遍。

三级残损：整体存在变形或开裂，有严重的破损。

四级残损：整体存在严重变形或开裂，几乎失去承载力。

3. 外墙残损

残损程度	完好	一级	二级	三级	四级
评估量值	10	8	6	4	2

完好：保留完整，有足够承载能力。

一级残损：整体结构完整，面层大量破损。

二级残损：整体结构完整，墙体存在局部酥碱或破损。

三级残损：墙体存在严重破损。

四级残损：墙体存在严重变形或整体性开裂。

4. 屋面残损

残损程度	完好	一级	二级	三级	四级
评估量值	10	8	6	4	2

完好：保留完整，材料一致。

一级残损：保留完整，局部存在轻微破损。

二级残损：破损后人为改造不当，屋面混乱。

三级残损：屋面瓦件等构件存在大面积破损。

四级残损：屋面整体变形或局部坍塌，破损严重。

5. 装饰残损

残损程度	完好	一级	二级	三级	四级
评估量值	10	8	6	4	2

完好：保留完整。

一级残损：保留完整，构件存在破损。

二级残损：基本完整，构件破损严重。

三级残损：仅余少量装饰，构件破损严重。

四级残损：完全损毁。

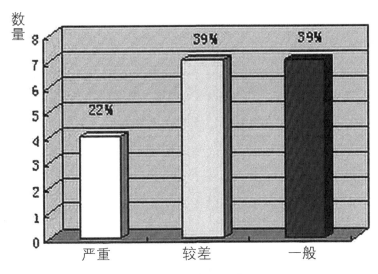

文物建筑残损评估图

6.使用状况（该项加权系数为：2）

残损程度	充分使用	部分使用	空闲
评估量值	10	6	2

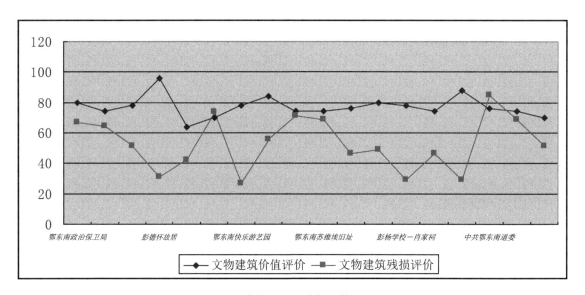

文物建筑风貌及残损评估图

第二节　周边建筑评估

除文物建筑本体外，文物建筑所处的历史环境同样重要。大部分革命旧址位于龙港镇区中心地带（龙燕区第八乡苏维埃政府除外），最近几年，龙港镇城市更新速度加快，新建了大量建筑。因此，有必要对文物所处的周边建筑环境进行调查，并做出评估，根据历史环境的需要，判断其风貌的协调性以及质量现状，为制定历史环境中的建筑保护和整治措施提供依据。

历史环境主要是指有文物建筑集中分布地块内的建筑，因此，历史环境的调查主要针对现有周边建筑的历史风貌和健康状况的调查。

一、历史风貌价值评估

周边建筑历史风貌的评估根据建筑艺术价值、建造年代、建筑材料、建筑高度，建筑结构、建筑功能等六项因素进行评估。

评估每项为 10 分制，对重要项目得分乘以相应加权系数，总分为各项得分累加之和，再换算为百分制，便是该建筑历史风貌的评估得分。

1.建筑艺术价值（该项加权系数为：2）

艺术价值	古老美观	古老	新建协调	新建不协调
评估量值	10	8	4	2

2.建造年代（该项加权系数为：2）

时代	清代	民国	新中国成立后	新建
评估量值	10	8	4	2

3.建筑材料

材料	木装	石、土砖	灰砖	红砖、水泥、涂料	面砖、玻璃
评估量值	10	8	6	4	2

4.建筑高度

层数	一层	二层	三层	四层	四层以上
评估量值	10	8	6	4	2

5.建筑结构

结构形式	木构	砖木	砖构	钢砼	其他
评估量值	10	8	6	4	2

6. 建筑功能

种类	文物古迹	居住、宗教	商住、手工作坊、仓储、闲置房	医疗卫生、商业服务、文教、机关办公、旅馆、文化娱乐	市政设施、其他
评估值	10	8	6	4	2

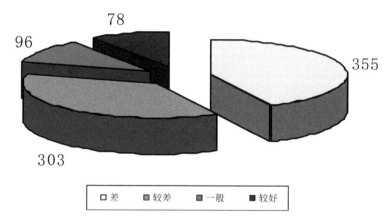

□ 差　　■ 较差　　■ 一般　　■ 较好

周边建筑历史风貌价值评估图

二、健康状况评估

周边建筑的质量健康状况，根据目前使用状况、建筑总体质量两个方面进行综合评估。

各项评估采用 10 分制，总分为各项得分累加之和，再换算为百分制便是该建筑文物价值的评估结果。

1. 使用状况

29.947	充分使用	部分使用	空闲
评分	10	6	2

2. 建筑质量

建筑状况	完好	一般	危房	已坍塌
评分	10	8	4	2

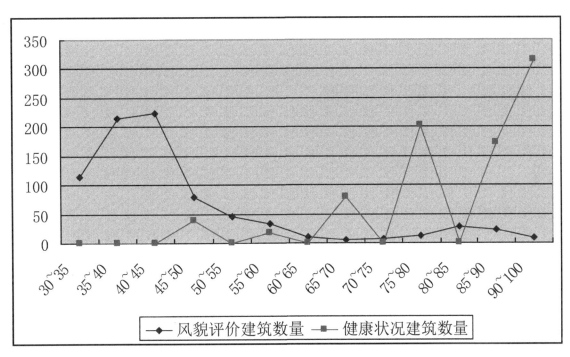

周边建筑风貌价值、残损数量统计图

三、历史建筑的认定

调研发现，周边建筑中许多虽然不是公布的革命旧址，但同样是清末时期砖木结构的老房子，尤其是龙港老街、老房子比较集中，风貌古朴，整体性强，革命旧址本身也是利用这些老房子作为当时革命政权的所在。老街风貌的完整性是革命旧址各项价值得以体现的重要基础，是文物赖以生存的重要的历史环境，因此，有必要对风貌突出、保存尚好的老房子进行保护。

根据周边建筑的风貌评估结果，将评估分值大于70分的建筑定为风貌突出的老房子，对照现场情况进行细微调整后，确定为历史建筑，标示出范围和数量，制定相应的保护措施。

第四章 危害因素分析

第一节 自然破坏因素

　　龙港镇现存16处文物建筑多数始建于清末民初，大部分为青砖木构建筑，由于地处偏远，社会变迁相对滞后，大部分旧址的主体部分保留完整。但是由于缺乏自觉维护，房屋建成年代久远，在自然因素影响下，已经出现不同程度的墙体开裂、屋顶破损、结构歪闪的现象，呈现出明显的年久失修状态。

龙燕区苏维埃室内情况

自然因素的影响主要包括微生物、温湿度、雨水、风、霜等对木结构、砖墙体、瓦面侵蚀。另外洪水、火灾等自然灾害的影响，导致文物本体的破坏。

除了属于革命旧址的建筑外，老街上其他价值较高的民居也历时久远，在自然环境因素的不利影响下，多有残破。

第二节　人为破坏因素

一、不适当的人为改造和缺少维护带来的破坏

土地革命以后，龙港革命旧址就丧失了其作为鄂东南革命根据地的主要功能。几十年来，先后经过了多个单位和个人的改造。即使在公布为文物保护单位后，由于资金、政策等不足，缺乏管理和维护，导致破毁严重，岌岌可危。由于这些人为改造忽视了文物本体的安全和持久，也照顾不到历史文脉上的延续，因此造成了龙港革命旧

老街上无处不在的白瓷砖贴面建筑

址及龙港老街历史环境不同程度的破坏，整体风貌日渐凌乱，空间格局不再完整，丧失了与历史的联系。

这些不当的人为拆建改造主要有：

1. 老街特殊的"国保"住户，一部分是承袭祖业，也有一些是10年前购置，多数家庭贫穷。有的家庭为了维持生计，做起了生意，如阳新县龙港老街81号，原鄂东南政治保卫局旧址，现为花圈店使用；有的家庭为了改善生活条件，增加居住面积，在"国保"建筑后面加建新的楼房，如鄂东南电台、编讲所旧址屋后的新建二层楼房。

2. 部分"国保"建筑在使用中由于缺乏适当的维护管理，年久失修，目前被闲置废弃，如彭杨学校、龙燕区苏维埃、彭德怀旧居等三处旧址，大部分梁柱、楼板及木构件都出现霉烂、虫蛀、墙体内裂等现象，部分室内已倒塌，经有关部门检查，定为一级危房，现已封闭，随时都有全部塌毁的可能。

3. 由于106国道的建造并投入使用，吸引了主要的交通人流，龙港镇的发展沿国道两侧展开，新的住宅、商业建筑集中出现在106国道两侧，并向纵深发展，大量新建筑在原有建筑的基址上建造，压迫老街上原有的老房子。在调研中，我们发现老街上不少老民宅仅保留了前屋，后面的院落和房屋均被不同程度地拆除和改建，有些新建筑甚至直接取代原有建筑。在老街上可以看到不少二三层、镶嵌各色瓷砖的建筑，有的体量比较大，与老街整体风貌极不和谐。调研统计，老街街面上新建的不协调建筑达64幢。

二、不适当的城市建设对龙港老街周边历史环境的破坏

龙港镇总体规模较小，同时地处偏远，小镇的发展带有明显的自发性。无论是单位建房，还是百姓自建房，都具有很大的随意性，没有明确的总体规划。改革开放以后，当地人民生活水平逐渐提高，出现了大规模的新建活动。这些新建活动往往都在原有的用地上进行，尤其是百姓自建房，往往拆毁原有的砖木老宅，建造白色瓷砖的小洋楼。这些大规模的改造建设没有很好地顾及革命历史遗迹和其历史环境，造成很大破坏。这种破坏主要有以下几个方面：

1. 大规模的更新建设已经造成小镇原有历史风貌的丧失。

2. 革命旧址所在的老街历史环境遭到极大破坏。彭杨学校和鄂东南特委所在的历

史环境已经完全消失，成为孤立的建筑。

3. 部分革命旧址文物本体的完整性遭到破坏。

三、落后的生活方式和不完善的基础设施造成的破坏和影响

1. 老街至今没有完善的给水系统，居民在房子内自接管道，对文物本体造成破坏。

2. 老街至今没有完善的消防设施，存在极大的火灾隐患。街尾七八家木材加工作坊集中在一起，沿街堆满了木料，没有任何消防措施，一旦起火，后果严重。

3. 缺乏有效的垃圾清运系统及公共卫生设施，环境污染，损害老街风貌。

4. 排水系统缺乏维护，间接导致文物建筑本体的损害。

5. 凌空架设的电力通信线路等设施影响老街风貌。

6. 燃煤仍然作为主要生活能源之一，污染环境，影响文物本体。

四、龙港老街建筑老化与更新问题

龙港镇大部分老房子承重结构为木构，易糟朽，尤其是柱脚部位。另外，屋顶为小青瓦屋面，木椽受雨水侵蚀，容易糟朽，往往导致屋面坍塌。

老房子两山通常采用青砖空斗砌筑，高出屋顶成封火山墙。传统的青砖成分中含有溶于水的无机盐，水分将盐类带走，导致砖体酥碱，这是砖体酥碱的大致成因。导致酥碱的水一般来自雨水和地表水，由于毛细现象而上渗。所以，墙体酥碱一般发生在距地面较近的墙脚。

龙港地处南方山区，气候潮湿，雨水频繁，自然因素对文物本体的材料、结构造成破坏。

另外，当地不良的生活习惯也会加速建筑的老化，比如当地居民存在向靠墙煤堆泼水的做法，往往导致墙体酥碱速度快、范围大。

部分用户根据自己生活需要的方便，对房屋内部自行装修更新，严重损害了文物的历史信息，破坏了文物的真实性。

龙港老街上的木材加工作坊

第三节　综合影响因素分析

综上所述，龙港地区的革命历史遗存的主要危害影响为以下两个方面：自然影响因素和人为破坏因素，每方面又可分出若干具体的破坏因素，列表如下：

综合影响因素分析表

影响因素		革命旧址	龙港老街	龙港镇环境
自然老化因素	木结构糟朽	■	—	—
	砖体老化	■	—	—
	基础残损	■	—	—
	屋面破损	■	—	—
	装饰件磨损	■	—	—

续 表

影响因素		革命旧址	龙港老街	龙港镇环境
人为建设因素	新建道路	■	■	■
	用地性质改变	■	■	━
	使用功能改变	■	■	━
	基础设施不完善	■	■	■
	堆积木材	■	■	■
	人为拆除破坏	■	—	—
	废弃、闲置	■	━	━
	不协调建设	━	■	■
	不当的保护措施	━	—	━
	游览活动	—	—	—

■: 影响因素大者；■: 影响因素较大者；━: 影响因素较小者；—: 无影响

第五章　管理评估

第一节　以往文物管理工作概述

全国重点文物保护单位龙港革命旧址由阳新县文物局管理。龙港镇革命纪念馆直接负责龙港革命旧址保护工作。

一、近年下发和上报有关龙港镇文物保护工作的文件

《关于公布省重点文物保护单位保护范围的通知》（阳政发〔1992〕59号）。

《第五批全国重点文物保护单位推荐材料——龙港革命旧址》（阳新县文物局2000年）。

《国务院关于公布第五批全国重点文物保护单位和与现有全国重点文物保护单位合并项目的通知》（国发〔2001〕25号）。

《县人民政府办公室关于加强龙港老街整体保护严禁违章改建的通知》（阳政办发〔2001〕151号）。

《关于鄂东南革命根据地"龙港革命旧址"整体保护维修情况的报告》（阳文发〔2001〕17号）。

《关于成立龙港镇文物保护修复领导小组的通知》（龙政发〔2001〕16号）。

《关于老街居民住房改建修缮的报告》（龙港镇人民政府文件〔2002〕43号，2002年12月）。

《关于加强"龙港革命旧址"保护管理的通知》（龙港镇人民政府文件〔2002〕35号，2002年4月）。

《关于成立龙港镇文物保护管理领导小组的通知》（龙港镇人民政府文件〔2002〕

34 号，2002 年 4 月)。

二、机构建设

1976 年 10 月，建成龙港革命历史纪念馆，陈列革命文物 315 件。1985 年，纪念馆有干部职工 7 人。

1978 年 5 月，成立阳新县博物馆，馆内设革命文物和历史文物两个陈列厅。1981 年，定编人员 9 人。1984 年，在县城陵园大道北侧建新馆，占地 5000 平方米，建筑面积 700 平方米。1985 年，有干部职工 10 人，内设文物工作队、陈列保管部等。年接待人数近万人。

2001 年，县政府批准成立"阳新县文物管理局"，定编制人员 6 人，将文物工作纳入政府工作的议事日程。

2004 年 4 月，县政府成立以分管县长为主任的"阳新县文物保护委员会"，同时成立了以分管县长为组长，文体局长、龙港镇长为副组长的"龙港国保单位领导小组"。

第二节　龙港镇以往文物古迹保护工作回顾

1974 年底，湖北省博物馆文物工作队和华师大师生代表到龙港开展文物调查，主要项目是党在湘鄂赣边区鄂东南革命斗争史；工作内容有：收集革命文物、革命斗争故事，调查革命旧（遗）址留存状况，历史沿革及重要事件等。参加调查人员有胡传章、屠中林、刘长荪等。

1975 年在遗址上修复 1939 年被日军炸毁的鄂东南特委，按原样恢复了一栋砖木结构的前屋。修建龙港革命历史纪念馆。

1999 年 5 月，湖北省文物局拨款 5 万元对中共鄂东南道委、鄂东南电台编讲所、少共鄂东南道委三处旧址进行了抢救性维修。

2001 年 3 月，湖北省文物局转拨国家文物局下达的旧址维修费 10 万元，对龙港区第八乡苏维埃旧址、鄂东南特委遗址、特委防空洞、文物库房进行了抢救性维修。

2004 年，湖北省文物部门针对部分龙港革命旧址的危险状况，完成彭杨学校、龙燕区苏维埃旧址等三处旧址的保护维修方案。

第三节　文物古迹管理评估

　　根据阳新县文物局提供的龙港镇革命旧址地区及相关保护工作情况，结合对现行管理措施的实地调查，建立"管理评估表"，设立评分标准，进行评估。

　　根据评估统计，目前被定为全国文物保护单位的龙港镇革命旧址（16处）在这管理上存在一定的问题。需要特别指出，龙港革命旧址文物管理在树立标识、记录档案、公布保护范围、设置机构等方面都不缺乏，政府也出台了保护文物的相关文件。但是在贯彻实施方面缺乏监督，许多措施办法的公布流于形式，有的甚至形同虚设，比如保护范围和建控地带在1992年就以政府文件形式公布，但是十几年过去，龙港革命旧址的历史环境不仅没有得到保护，而且连文物本体都遭到不同程度的破坏。当中的违法行为缺乏有效监督，相关责任缺乏追究。

现状管理评估表

| 文物名称 | 保护级别 | 管理状况 | | | | | | | | 状态评价 | 管理评估 |
		占地范围（ha）	保护范围（ha）	建控地带（ha）	说明标志	记录档案	管理机构	专职人员	兼职人员		
中共鄂东南道委	全国重点保护单位	142	有	有	有	有	龙港纪念馆	肖唐兵	0	中	中
少共鄂东南道委	全国重点保护单位	75	有	有	有	有	龙港纪念馆	肖唐兵	0	中	中
彭德怀故居	全国重点保护单位	778	有	有	有	有	龙港纪念馆	龙港镇政府	0	差	中
彭杨学校	全国重点保护单位	1206	有	有	有	有	龙港纪念馆	肖绪权	0	差	差
鄂东南中医院	全国重点保护单位	412	有	有	有	有	龙港纪念馆	陈国平	0	中	中
鄂东南工农兵银行	全国重点保护单位	93	有	有	有	有	龙港纪念馆	肖唐兵	0	中	中
鄂东南快乐园游艺园	全国重点保护单位	246.2	有	有	有	有	龙港纪念馆	肖唐兵	0	差	差
鄂东南政治保卫局	全国重点保护单位	86	有	有	有	有	龙港纪念馆	肖唐兵	0	中	中

文物名称	保护级别	管理状况								状态评价	管理评估
		占地范围（ha）	保护范围（ha）	建控地带（ha）	说明标志	记录档案	管理机构	专职人员	兼职人员		
鄂东南总工会	全国重点保护单位	392	有	有	有	有	龙港纪念馆	肖唐兵	0	中	中
鄂东南特委遗址	全国重点保护单位	87.5	有	有	有	有	龙港纪念馆	李朝华	0	良	良
鄂东南特委防空洞	全国重点保护单位	140.7	有	有	有	有	龙港纪念馆	李朝华	0	良	良
鄂东南电台、编讲所	全国重点保护单位	104	有	有	有	有	龙港纪念馆	肖唐兵	0	良	中
鄂东南红军招待所	全国重点保护单位	68	有	有	有	有	龙港纪念馆	肖唐兵	0	中	中
鄂东南苏维埃旧址	全国重点保护单位	86	有	有	有	有	龙港纪念馆	肖唐兵	0	中	中
鄂东南龙燕区苏维埃	全国重点保护单位	249	有	有	有	有	龙港纪念馆	龙港镇政府	0	差	中
龙燕区第八乡苏维埃政府	全国重点保护单位	175.5	有	有	有	有	龙港纪念馆	不祥	0	良	中

　　注：1992年阳新县人民政府公布过文物保护单位的保护范围和建设控制地带，但是目前调查表明，原有的保护范围并没有起到约束建设、保护文物的作用。

第四节　龙港革命旧址管理问题综述

龙港文物古迹管理上存在较大问题，主要有两方面。

一、文物古迹的保护工作方面

文物保护的执法监督工作严重不足，保护措施无法落实。

16处文物保护单位中有7处为私有房产，管理部门缺乏相应的管理措施。

文物古迹的基础资料和档案在完整性和翔实性上存在一定欠缺。

文物古迹保护范围不够合理，公布的保护范围没有起到应有的作用，缺乏可实施性和可监控性。

城镇更新已经改变了文物原有的历史环境，甚至已经对文物本体造成破坏。政府对此缺乏有效的预计和应对措施。

缺乏对本地居民和外来游客在此环境中活动的行为限定。

二、文物古迹管理机构的组织建设方面

管理机构设置不健全，管理人员不足，且职责不明确。

缺乏明确的管理规范，缺乏有效的管理制度。

保护人员的专业素质及管理、保护手段有待进一步提高。

严重缺乏保护经费和相关资源投入。

第五节　原有保护范围评价

1992 年阳新县人民政府公布了龙港 16 处革命旧址的保护范围，保护范围采用文物本体或街道中心外扩一定距离的方式进行划定。从目前调查情况来看，保护作用并不理想。其原因除了管理上的问题外，还有如下几点：

保护范围没有明确的可识别的现实边界，无法确定具体位置。

保护范围没有明确标识，文物本体和其他建筑混杂在一起，无法保障安全。

各级保护区划，如重点保护区、一般保护区、建筑控制地带缺乏相应的管理措施，尤其是在控制新建物方面。

第六章　利用评估

第一节　利用现状

作为国家级文物保护单位的龙港革命旧址建筑群，龙港革命旧址 1995 年被湖北省人民政府命名为爱国主义教育基地。现场调查发现，目前除了中共鄂东南特委、中共鄂东南特委防空洞两处旧址作为龙港革命历史纪念馆的一部分对外开放外，其余 13 处都没有开展任何保护性的利用。部分保留较完整的旧址由政府部门收回管理，但是由于资金缺乏，无力修缮，建筑破败不堪，无法对外开放。另外一些旧址仍然属于当地居民，由于城镇化日益发展，不断侵蚀老街建筑，许多旧址已丧失了完整性，因此，从总体上说，由于保护问题突出，目前龙港革命旧址没有任何实质性的利用方案。

随着国家对红色旅游的大力支持，许多机关和企业单位也组织员工到龙港革命旧址参观学习，但是由于经济等方面原因，当地还没有足够完善的旅游接待能力。

政府曾为阳新县规划两条旅游线路。第一条线路：上午抵阳新，游湘鄂赣边区鄂东南革命烈士陵园，阳新县博物馆，观看阳新采茶戏，宿阳新城关。第二条线路：乘车抵龙港"红军街"，参观彭德怀故居、龙港革命历史纪念馆、龙燕区第八乡苏维埃政府旧址，中餐后返程。目前游客不是很多。

文物建筑管理、利用情况表

文物名称	管理状况		
	保护级别	利用情况	专职人员
中共鄂东南道委	全国重点保护单位	住户	肖唐兵
少共鄂东南道委	全国重点保护单位	住户	肖唐兵
彭德怀故居	全国重点保护单位	闲置	龙港镇财政

文物名称	管理状况		
	保护级别	利用情况	专职人员
彭杨学校	全国重点保护单位	学生宿舍	肖绪权
鄂东南中医院	全国重点保护单位	医院	陈国平
鄂东南工农兵银行	全国重点保护单位	住户	肖唐兵
鄂东南快乐园游艺园	全国重点保护单位	闲置	肖唐兵
鄂东南政治保卫局	全国重点保护单位	住户	肖唐兵
鄂东南总工会	全国重点保护单位	作坊	肖唐周
鄂东南特委遗址	全国重点保护单位	纪念馆	李朝华
鄂东南特委防空洞	全国重点保护单位	纪念馆	李朝华
鄂东南电台、编讲所	全国重点保护单位	住户	肖唐兵
鄂东南红军招待所	全国重点保护单位	住户	肖唐兵
鄂东南苏维埃旧址	全国重点保护单位	住户	肖唐兵
鄂东南龙燕区苏维埃	全国重点保护单位	闲置	龙港镇政府
龙燕区第八乡苏维埃	全国重点保护单位	闲置	不详

第二节　主要问题

通过实地调研和查阅档案，发现龙港革命旧址在文物利用方面的问题主要表现在：

1. 文物建筑保护问题突出，利用不足，方式落后。

2. 文物建筑的展示严重不足，许多建筑仅仅是挂上了一个"国保"单位的铜牌，其内部尚未有任何展品，也没有任何展示布置。

3. 龙港革命旧址缺乏整体的游览路线设计，在城镇化当中，各个旧址之间的联系日渐薄弱。

4. 在集镇功能上普遍缺乏相应的服务设施，缺乏配套的功能分区设置。

由此可见，龙港革命旧址目前尚缺乏对文物古迹整体合理利用的分析与评估，尚需制订总体利用规划。

第七章 评估图

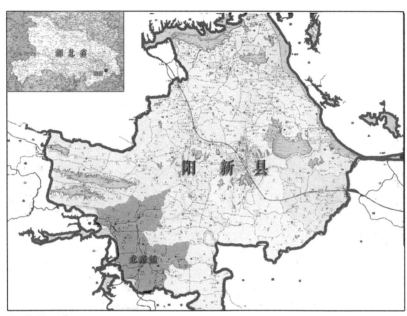

龙港镇区位

龙港镇

龙港老街

区位图

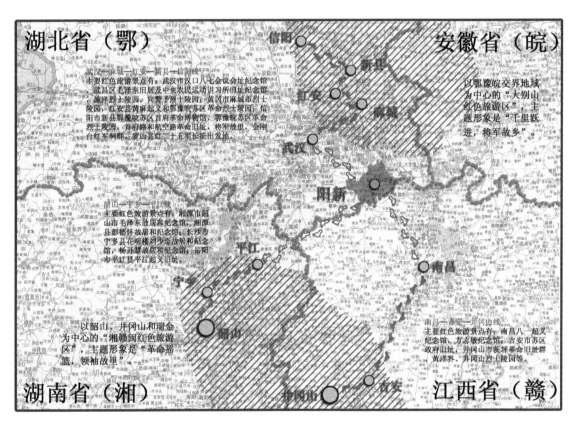

红色旅游区域关系图　●红色旅游精品点　////重点红色旅游区　▮红色旅游精品线　▯可发展的红色旅游路线

红旅区域图

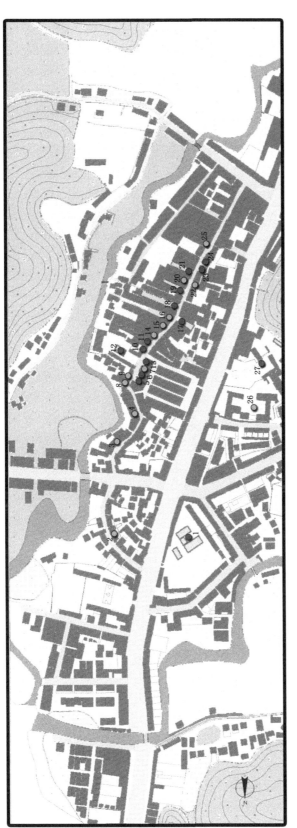

龙港老街革命遗址分布图

1. 彭杨学校
2. 湘鄂赣省军区北路指挥部
3. 鄂东南染厂
4. 鄂东南第二菜场
5. 鄂东南道委

6. 鄂东南电台、编讲所
7. 鄂东南讲演所、俱乐部
8. 鄂东南交通大队
9. 鄂东南粮食委员会
10. 鄂东南工农兵银行

11. 鄂东南政治保卫局
12. 龙燕区工农民主政府
13. 鄂东南少共道府
14. 鄂东南油盐行
15. 五分社

16. 四分社、运输局
17. 鄂东南新戏团
18. 彭德怀旧居、鄂东南劳动总社
19. 鄂东南中医院
20. 三分社

21. 鄂东南总工会
22. 二分社
23. 鄂东南工农民主政府
24. 鄂东南红军招待所
25. 鄂东南第一菜场

26. 红五军司号连
27. 中共鄂东南特委

龙港镇革命遗址分布图

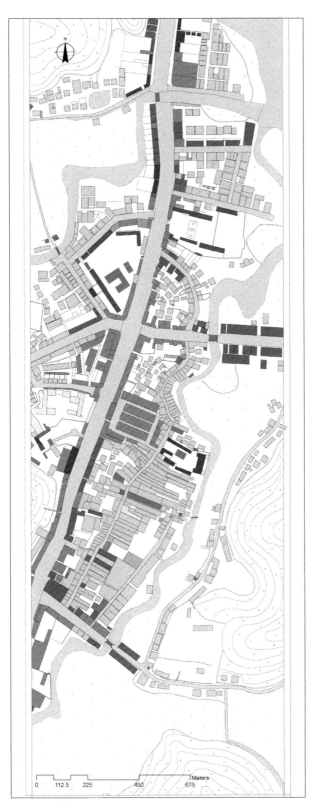

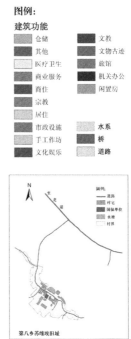

龙港建筑现状图

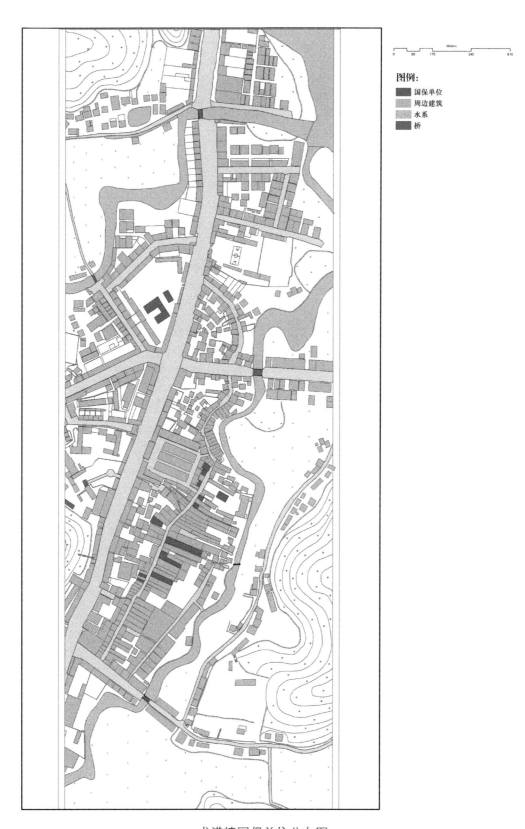

龙港镇国保单位分布图

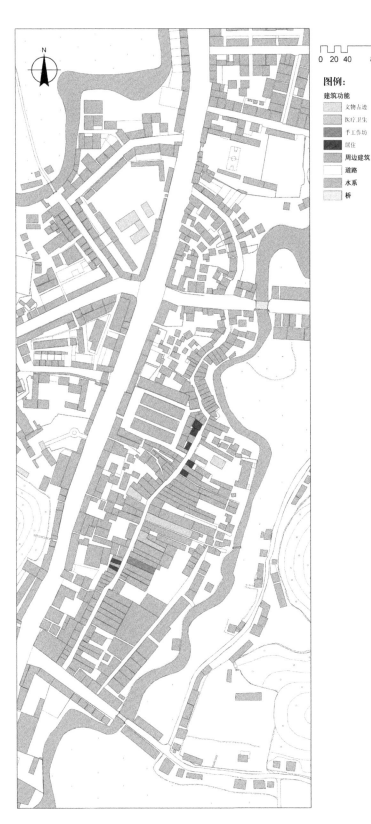

文物建筑功能分析图

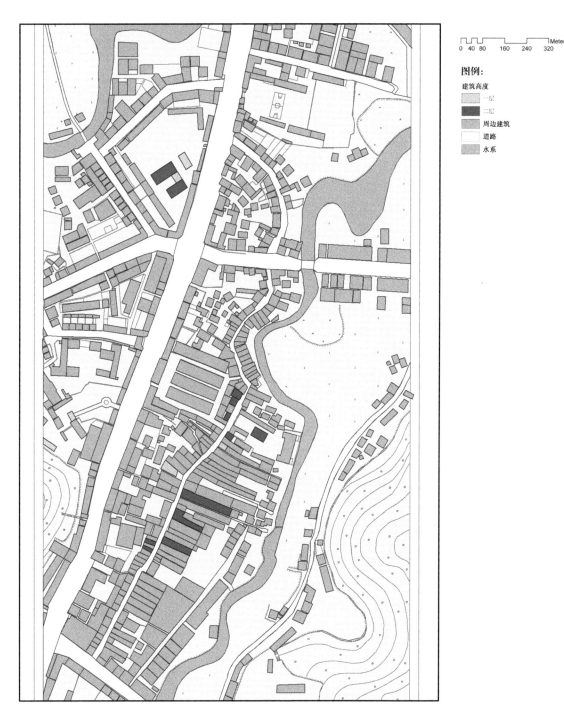

文物建筑高度分析图

图例:

建筑结构
- 砖木
- 砖构
- 石砌
- 木构
- 周边建筑
- 道路
- 水系

文物建筑结构分析图

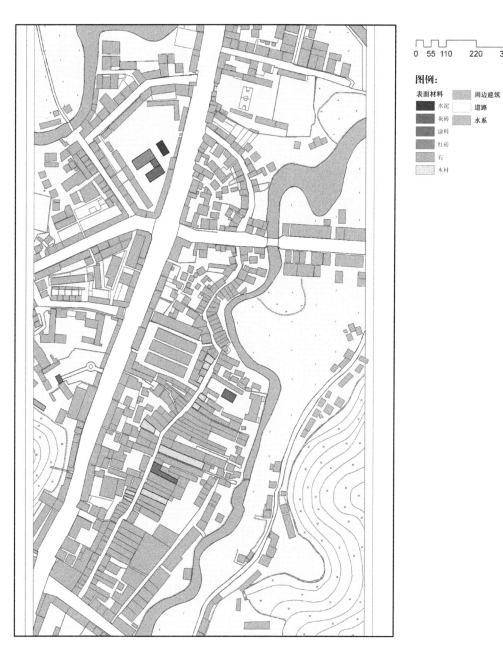

文物建筑材料分析图

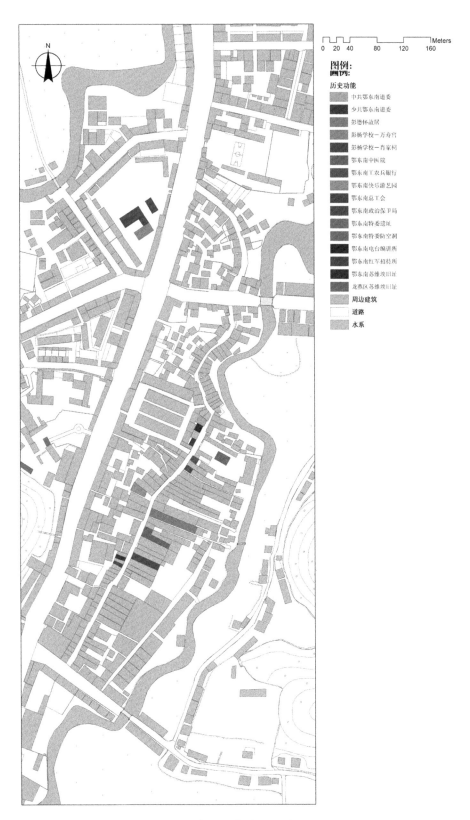

图例：

历史功能
中共鄂东南道委
少共鄂东南道委
彭德怀故居
彭杨学校—万寿宫
彭杨学校—肖家祠
鄂东南中医院
鄂东南工农兵银行
鄂东南快乐游艺园
鄂东南总工会
鄂东南政治保卫局
鄂东南特委遗址
鄂东南特委防空洞
鄂东南电台编讲所
鄂东南红军招待所
鄂东南苏维埃旧址
龙燕区苏维埃旧址
周边建筑
道路
水系

文物建筑历史功能分布图

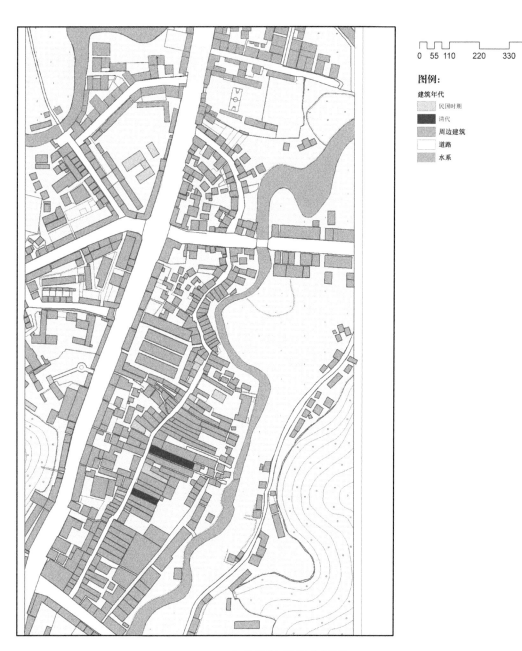

图例：

建筑年代
民国时期
清代
周边建筑
道路
水系

文物建筑年代分析图

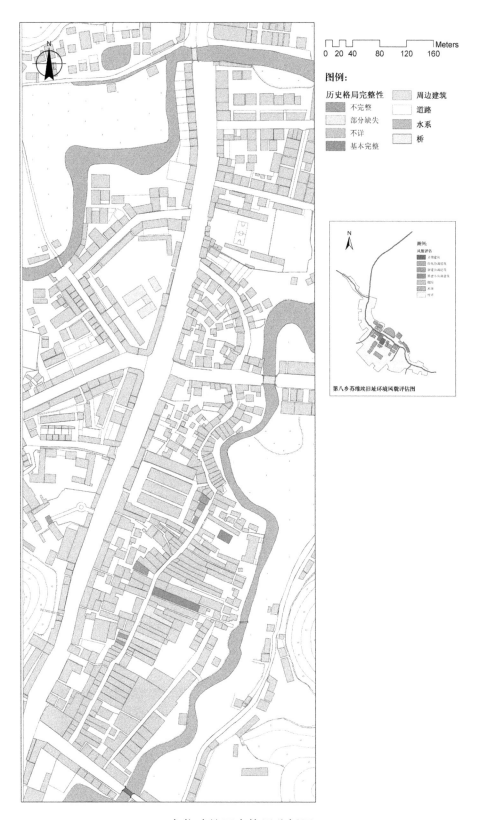

文物建筑历史格局分析图

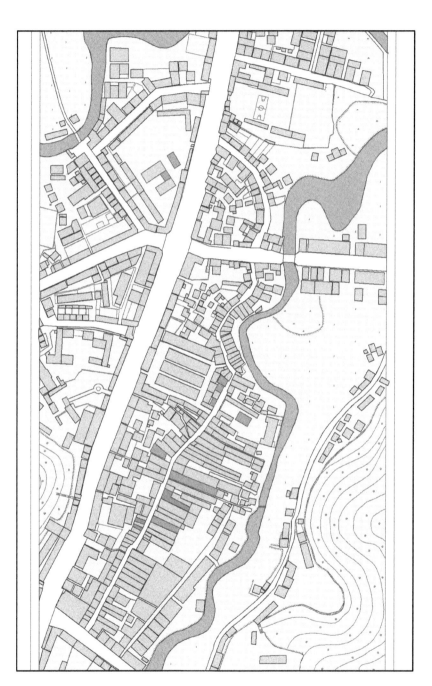

文物建筑艺术价值分析图

图例：
圖例：

基础残损
完好
一级残损
二级残损
三级残损
周边建筑
道路
水系

文物建筑基础残损分析图

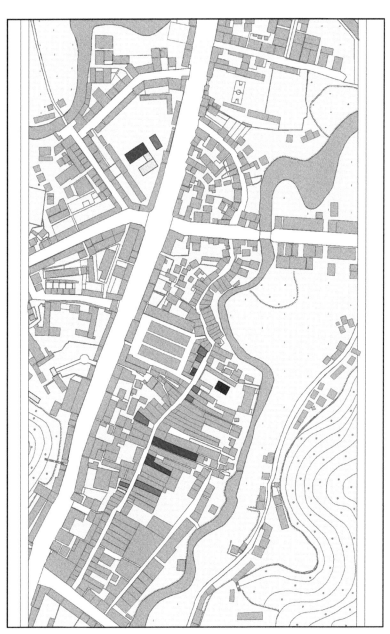

文物建筑屋顶残损分析图

文物建筑结构残损分析图

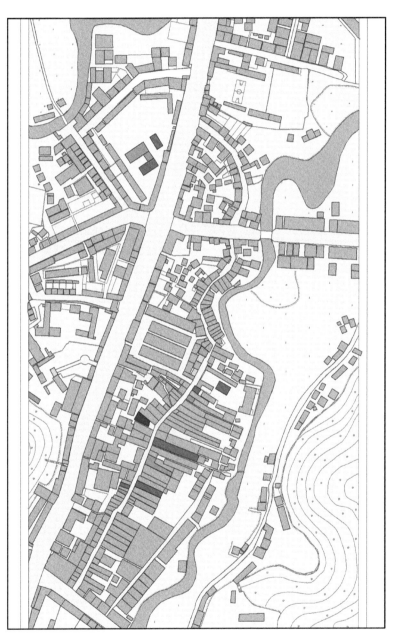

文物建筑墙体残损分析图

图例:
建筑质量
完好
一级残损
二级残损
三级残损
四级残损
周边建筑
道路
水系
桥

文物建筑质量评估图

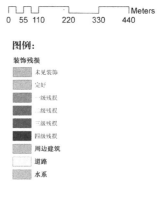

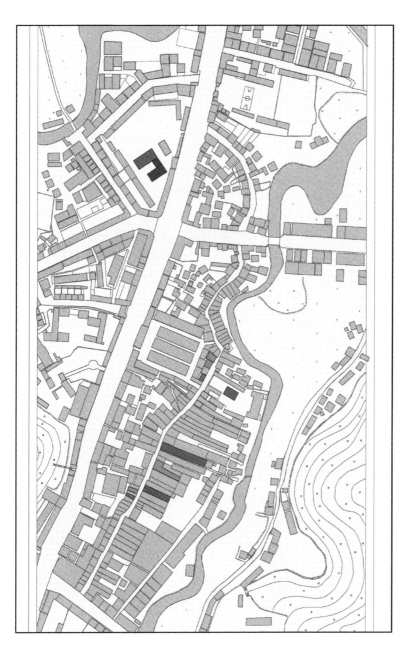

文物建筑装饰残损分析图

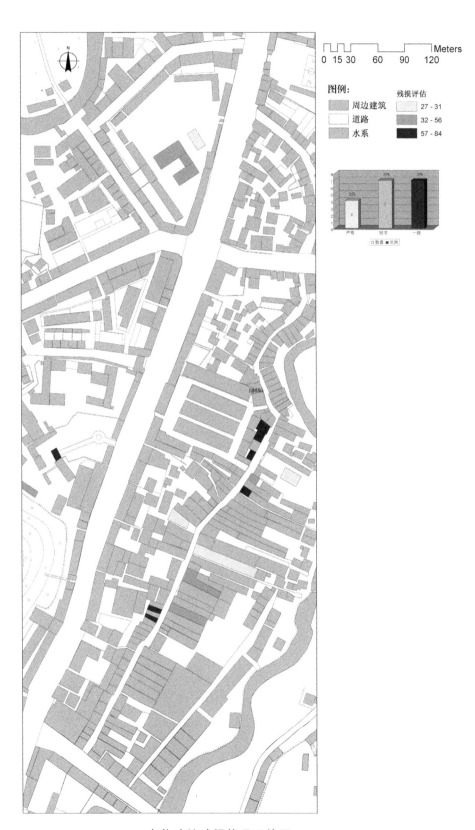

文物建筑残损状况评估图

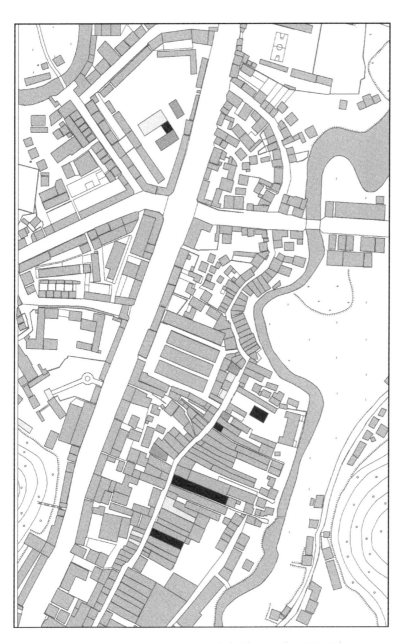

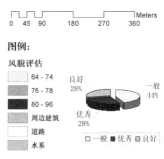

图例:

风貌评估

	64 - 74
	76 - 78
	80 - 96
	周边建筑
	道路
	水系

文物建筑历史风貌评估图

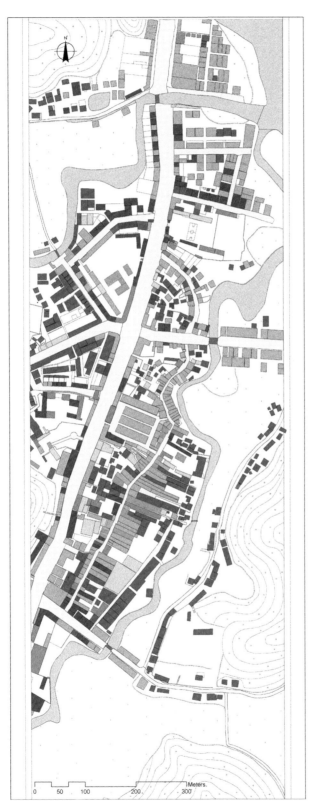

图例:

建筑材料	道路
水泥	水系
灰砖	桥
玻璃	文物建筑
面砖	
土砖	
涂料	
红砖	
木装	

建筑材料现状分析图

153

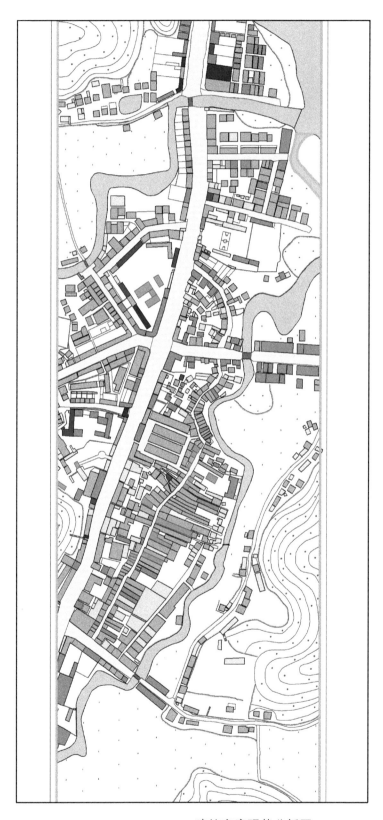

图例:

建筑高度

1层
2层
3层
4层
5层

文物建筑
水系
桥
道路

建筑高度现状分析图

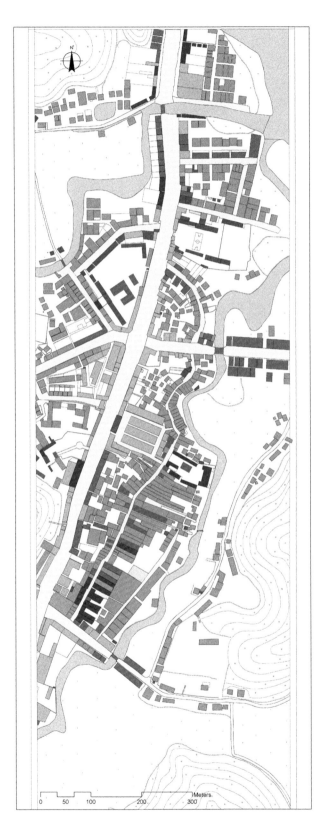

图例:

建筑功能
商业服务
文化娱乐
文教
文物古迹
旅馆
医疗卫生
手工作坊
机关办公
居住
商住
宗教
仓储
闲置房
其他

文物建筑
道路
水系
桥

建筑功能现状分析图

155

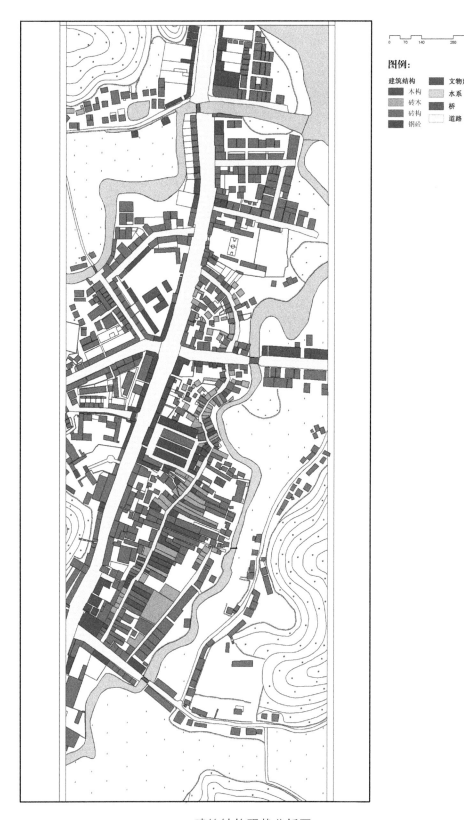

建筑结构现状分析图

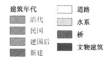

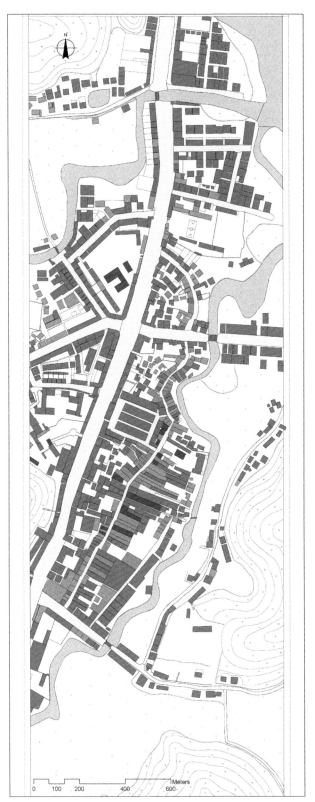

建筑年代现状分析图

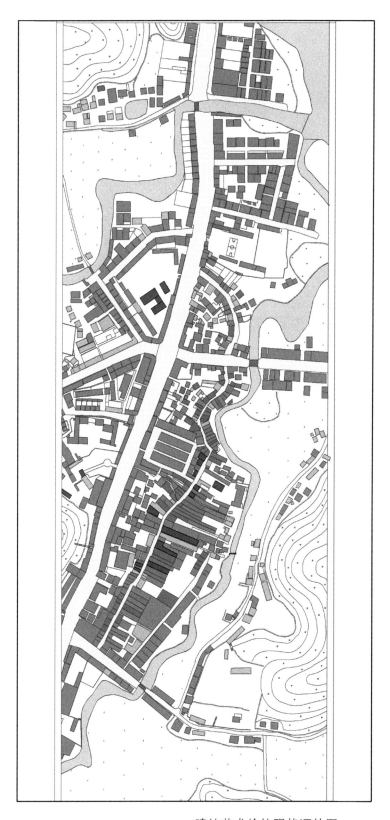

图例：

艺术价值评估   文物建筑

古老美观   水系

古老   桥

新建协调   道路

新建不协调

建筑艺术价值现状评估图

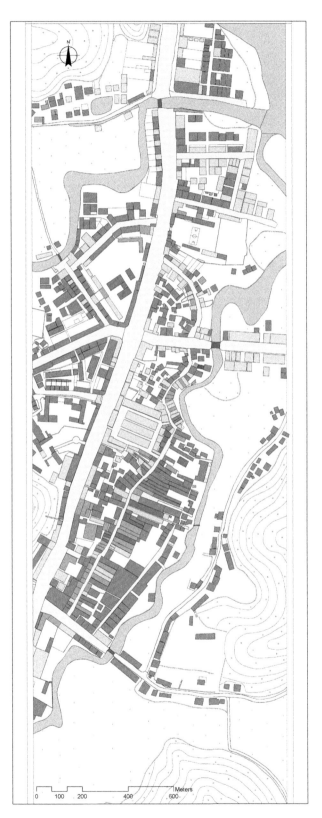

建筑质量现状分析图

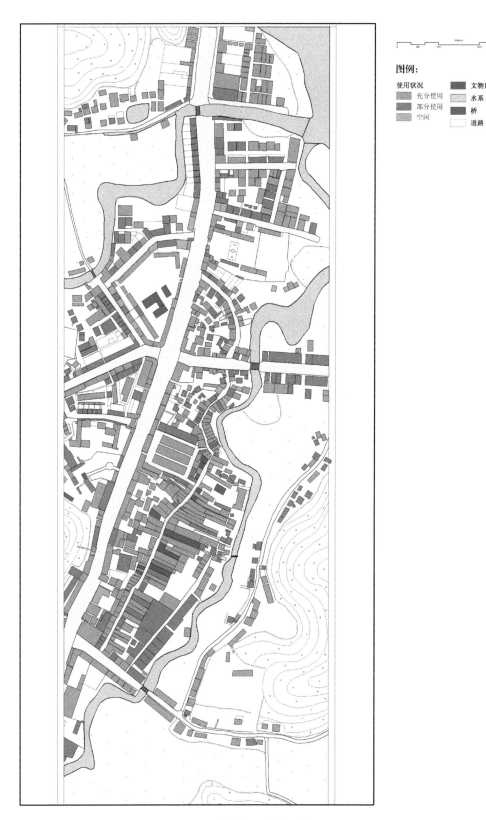

建筑使用状态分析图

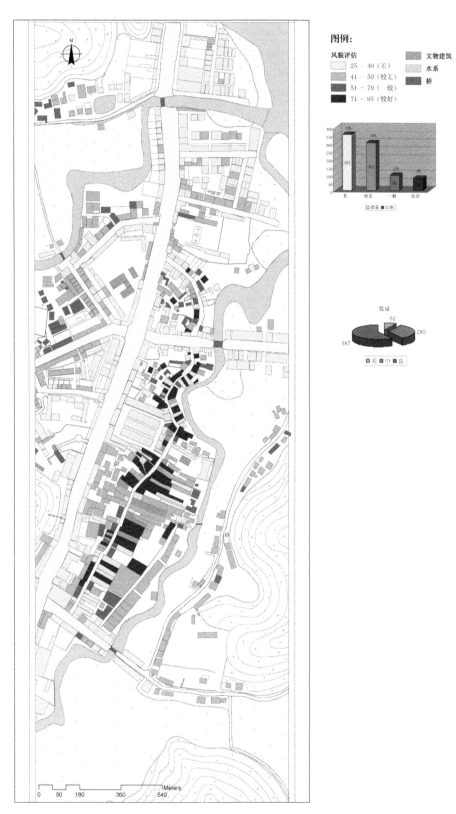

建筑历史风貌评估图

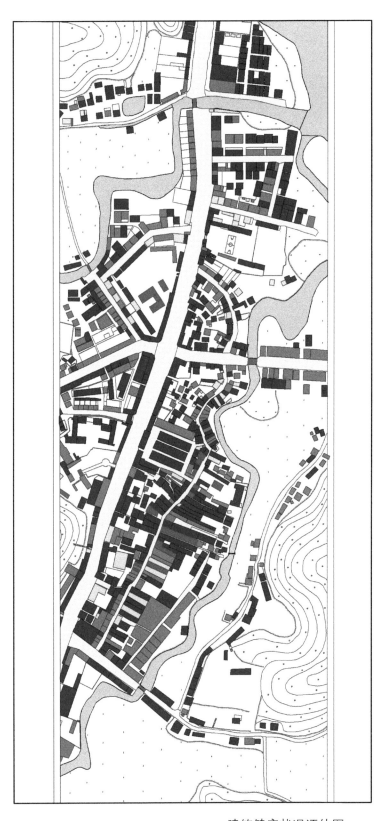

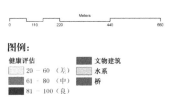

图例：

健康评估
　　20 － 60 （差）
　　61 － 80 （中）
　　81 － 100 （良）

文物建筑
水系
桥

建筑健康状况评估图

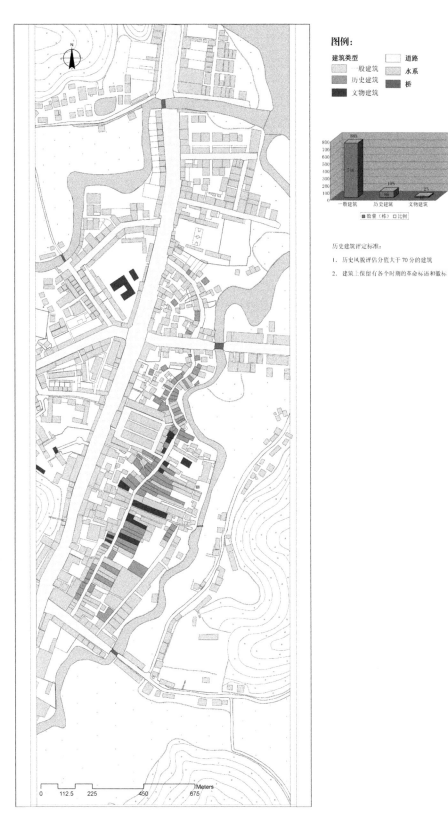

图例:

建筑类型
一般建筑
历史建筑
文物建筑

道路
水系
桥

历史建筑评定标准:

1. 历史风貌评估分值大于70分的建筑
2. 建筑上保留有各个时期的革命标语和徽标

历史建筑评价图

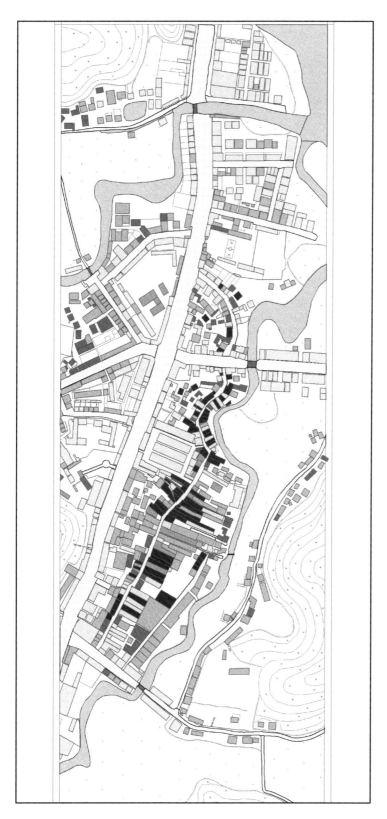

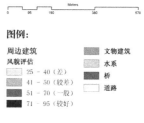

图例:

周边建筑
风貌评估
25 - 40（差）
41 - 50（较差）
51 - 70（一般）
71 - 95（较好）

文物建筑
水系
桥
道路

周边建筑历史风貌评诂图

164

龙港镇用地性质现状图

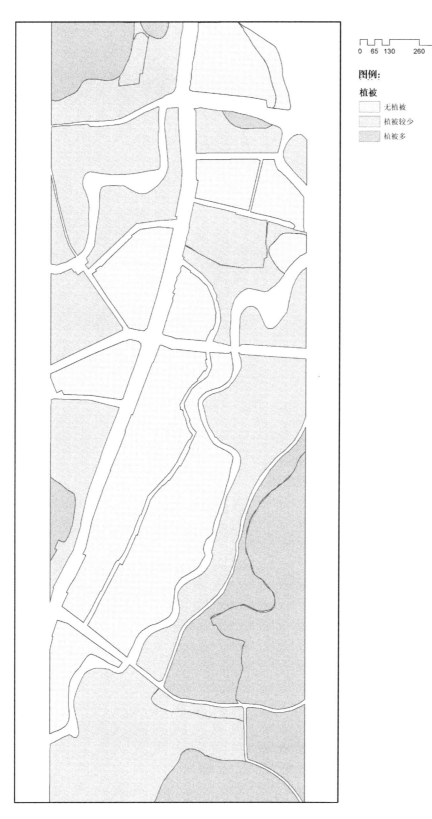

0 65 130 260 390 520 Meters

图例:

植被

无植被

植被较少

植被多

龙港镇用地绿化现状图

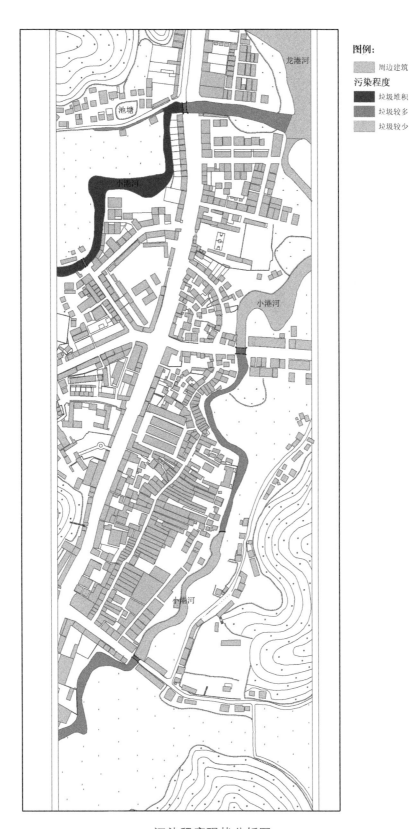

污染程度现状分析图

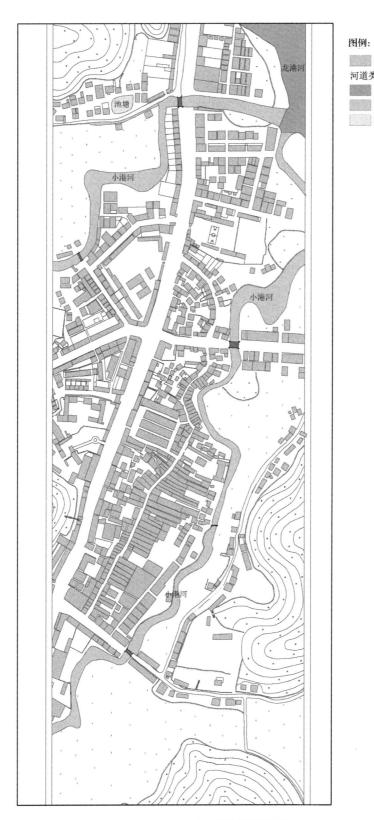

图例：

周边建筑

河道类型

主河道

支河道

池塘旧址

河道类型现状图

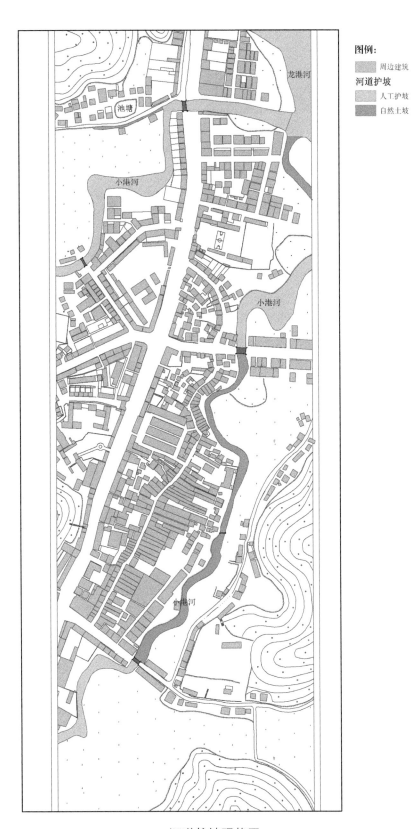

图例：

周边建筑

河道护坡

人工护坡

自然土坡

河道护坡现状图

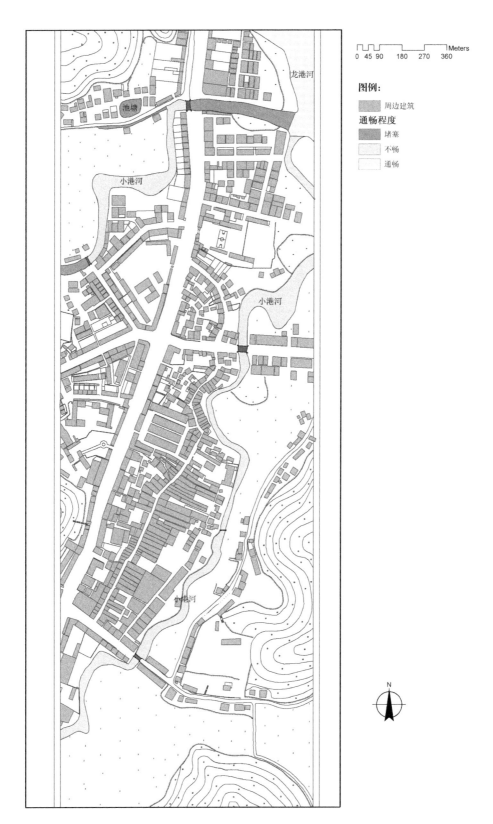

龙港镇水系通畅程度现状分析图

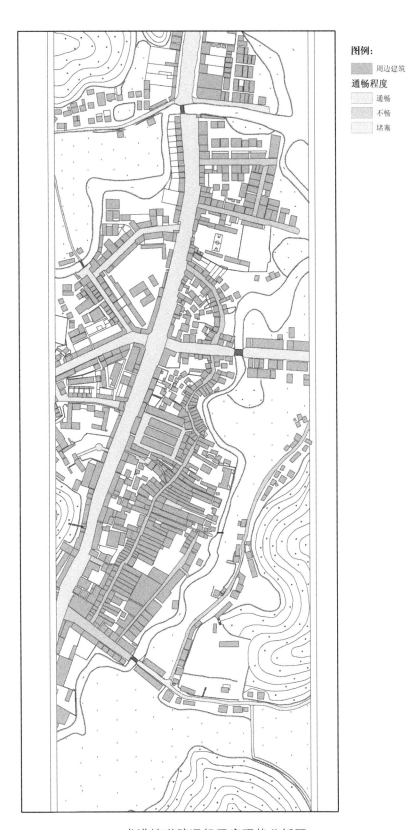

图例:
周边建筑
通畅程度
通畅
不畅
堵塞

龙港镇道路通畅程度现状分析图

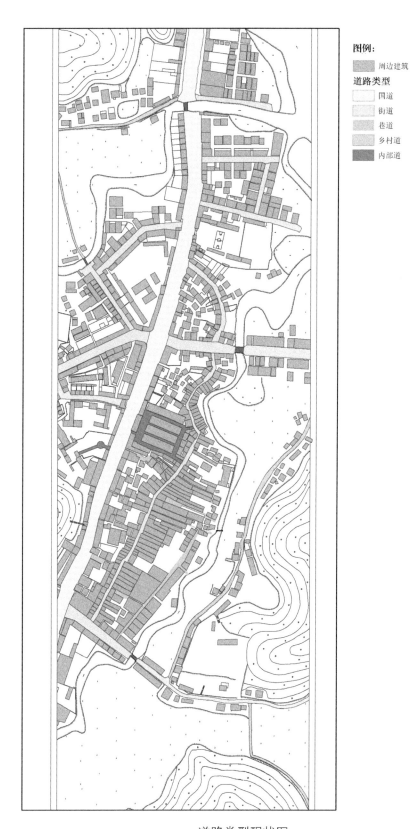

图例：
周边建筑
道路类型
国道
街道
巷道
乡村道
内部道

道路类型现状图

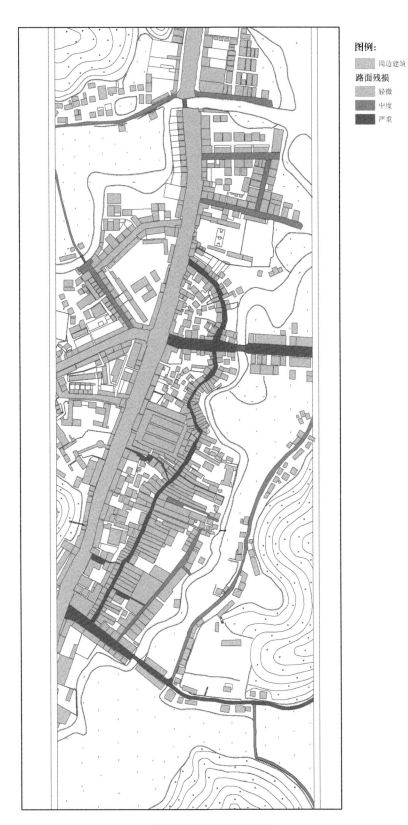

图例：
周边建筑
路面残损
轻微
中度
严重

路面破损程度分析图

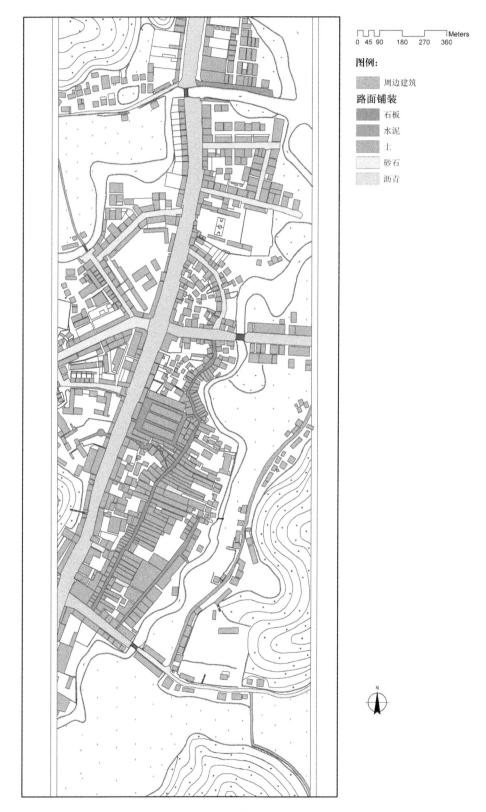

路面铺装分析图

规
划
篇

第一章　规划条文

第一节　编制说明

一、编制背景

为有效保护湖北省阳新县龙港地区丰富而珍贵的革命文化遗产，科学、合理、适度地发挥革命文化遗产在现代化建设中的积极作用，特编制本规划。

二、适用范围

本规划为湖北省阳新县龙港地区革命文物保护总体规划，依据国家有关文物保护的各项法律法规文件编制而成，依法审批后，作为龙港地区革命旧址保护的法规性文件，根据《城镇体系规划编制审批办法》第十三条的规定，纳入《地区城镇体系规划》。

三、编制依据

（一）主要依据

《中华人民共和国文物保护法》（2002 年 10 月）

《中华人民共和国文物保护法实施条例》（2003 年 7 月）

《中华人民共和国城市规划法》（1991 年）

《国务院关于加强和改善文物工作的通知》（1997 年）

《全国重点文物保护单位保护范围、标志说明、记录档案和保管机构工作规范（试行）》（1991 年）

《湖北省文物保护管理实施办法》（1993 年）

（二）参考文件

《黄石市阳新县龙港镇总体规划暨东片组团详细规划》（2001 年）

《2004—2010 年全国红色旅游发展规划纲要》（2004 年）

《Principles for the Conservation of Heritage Sites in China》（《中国文物古迹保护准则》2002 年）

《中华人民共和国环境保护法》（1989 年 12 月）

四、指导思想

坚持以邓小平理论和江泽民同志"三个代表"重要思想为指导，坚持"保护为主，抢救第一""有效保护、合理利用、加强管理"的文物工作方针和原则，加强和改善龙港地区的文物保护工作，积极依托其丰富多样的革命与文化遗产，发展红色旅游，促进区域社会、经济、文化以及爱国主义教育事业的协调发展。

五、规划期限

考虑到该地区文物保存状况较差，又处在城乡建设和发展的新阶段，需在文物保护上开展的工作较多，与之相关的其他影响因素具有较高的不可预见性，因此本次规划将规划期限定为 10 年，共分三期：

（一）近期 2006 年—2008 年（Ⅰ期）

（二）中期 2009 年—2011 年（Ⅱ期）

（三）远期 2012 年—2015 年（Ⅲ期）

六、规划范围和规划对象

龙港革命旧址保护总体规划涵盖以下范围。

龙港老街区域：长约 600 米的龙港老街，含中共鄂东南道委、彭德怀旧居、红军后方医院、鄂东南工农兵银行等 12 处国保建筑，规划面积约 60000 平方米。

龙港革命历史纪念馆、中共鄂东南特委防空洞、彭杨学校共计 3 处国保建筑，占地约 20000 平方米；胡桥村龙燕区第八乡苏维埃旧址 1 处，占地 180 平方米。

第二节　基本对策

一、规划原则

1. 保护为主、抢救第一，合理利用、加强管理。

2. 以真实性为基本原则，保障文物遗存的完整性和安全性。

3. 文物保护、旅游发展、爱国主义教育、生态环境保护和城乡建设相衔接。

二、保护策略

1. 尽可能减少对革命文物本体的干预，尊重历史信息，对存在险情的古迹进行抢救性修缮。

2. 提高保护措施的科学性。

3. 合理协调文物保护与地方经济发展的关系。

4. 强调文物环境保护，注重文物保护与生态环境保护相结合。

5. 定期实施日常保养，预防灾害侵袭。

6. 坚持科学、适度、持续、合理的利用。

7. 提倡公众参与，注重普及教育。

三、规划目标

有效保护革命文化遗产，发展区域红色旅游，最终谋取龙港地区社会效益、生态效益与经济效益的和谐与可持续发展，使龙港地区丰富而珍贵的革命文化遗产获得有效保护和合理利用。

四、规划要求

1. 根据业主提供的基础资料和现场调研情况，对重要文物集中分布区编制结构性的控制规划。

2. 强调科学性、合理性和前瞻性，同时具有较强的可操作性。

3. 提供规划管理依据，增强实施的可操作性。

五、文物保护规划的主要内容

（一）保护对象

本保护规划的对象是国家重点文物保护单位的湖北省阳新县龙港革命旧址中位于龙港镇区的 16 处革命旧址的专项保护规划。

（二）规划重点

1. 勘测与分析现存革命旧址文物本体（16 处）及环境现状。

2. 考察文物历史脉络及相关时期的革命背景。

3. 对文物现存状况、文物价值、文物管理现状以及利用现状进行评估。

4. 制定与评估结论相应的保护措施，包括有关的工程经济指标和分期规划。

5. 根据规划指导思想，结合文物保护单位具体历史地理环境划定保护范围，建设控制地带，并制定相应的控制管理要求。

6. 规定开放要求，编制展示陈列方案。

7. 提出完善管理机构的建议和工作目标。

六、保护规划实施要求

1. 坚持原址保护，重视对历史信息的保护；仅存遗址的应实施遗址保护，不得在原址上重建。

2. 现阶段保护区划的范围涵盖已探明的、有保护价值的、不可移动的文物遗存。在规划实施中应在总体规划目标前提下，贯彻规划原则和策略，对新的发现和新研究成果制定应变方案。

3.强调现状保护的意义，对所有保护工程采取审慎的态度，论证为先，实施为后，避免保护性破坏。

4.尽可能减少干预；按照保护要求使用保护技术；强调文物环境保护；定期实施日常保养。

5.预防灾害性侵袭。

6.加强文物保护的宣传教育，增强全民文物保护的意识，鼓励文物保护的科学研究。

第三节 保护区划

原有保护区划范围的不够具体，没有明确的边界，缺乏可实施性。本规划依据各项评估的结论，参照地方政府原先公布的保护区划文件，对该区域内文物保护单位的保护范围重新进行界定。根据龙港革命旧址文物本体及其周边关联环境的安全性、完整性要求以及实际管理和操作上的可行性，将龙港镇文物保护区划分为保护范围、建设控制地带两个层次。

一、文物保护范围

（一）划定保护范围的总体要求

1.根据文物保护单位的类别、规模、内容以及周围环境的历史与现实情况，考虑文物本体及其周边关联环境的整体性和安全性划定文物保护单位的保护范围。

2.历史环境比较突出，文物点比较集中的地域，应被完整地纳入保护范围，如龙港老街、烈士陵园等。根据实际情况将保护范围划分为重点保护区和一般保护区，而不仅仅只是保护文物建筑本体。

（1）重点保护区是指龙港革命旧址中的16处文物建筑的范围。

（2）一般保护区是指保护范围内除重点保护区以外的区域。

3.保护范围内原则上不得进行除保护工程外的其他建设工程，如有特殊情况，必须按法律程序报批。

4.保护范围应在文物本体之外保持一定的安全距离，确保文物保护单位的真实性和完整性。划定各文物保护单位保护范围的具体界限时，必须有明确的标志物或界线，以便文物管理部门落实现场立桩标界工作。

保护区的划定考虑两方面内容：一是对原有保护区范围的调整和认定；二是对原来没有界定的文保单位保护区域进行界定。

根据现有国家文物局对制定保护区划的要求，在划定时要充分考虑地形和环境因素，力求保护区清晰合理，易于辨识和区分。

（二）保护范围

根据龙港镇 16 处革命旧址的分布及其环境特征，结合现状调查和评估结论，将保护范围分为四块，总面积为 7.67 公顷。

1. 老街保护范围：

（1）北至龙港老街北端入口的龙罗路。

（2）南至龙港老街南端入口的龙洋路。

（3）东至边界：北段沿龙港河（小港）西岸，南段沿南北通巷至龙洋路。

（4）西至边界：沿老街西侧文物建筑和历史建筑的建筑或基址外缘划出边界，区分出建筑边界。

占地面积 6 公顷。

重点保护区：老街上 12 处文物建筑本体和基址范围。

占地面积 2760 平方米。

一般保护区：保护范围内除重点保护区外的区域。

占地面积 5.724 公顷。

2. 纪念馆保护范围：

（1）北至龙港革命历史纪念馆院落的北墙。

（2）南至龙港革命烈士陵园外缘。

（3）东至龙港革命烈士陵园外缘。

（4）西至 106 国道。

占地面积 1.2 公顷。

重点保护区：纪念馆内鄂东南特委，鄂东南特委防空洞 2 处文物建筑本体的基址范围。

占地面积 228 平方米。

一般保护区：保护范围内除重点保护区外的区域。

占地面积 1.1773 公顷。

3. 彭杨学校保护范围：

保护范围为目前彭杨学校旧址保留的四幢建筑及相应院落（重点保护区）。

占地面积 2052 平方米。

4. 龙燕区第八乡苏维埃保护范围：

保护范围为自前檐向东外延 12 米，后檐基础向西外延 3 米，南、北山墙各外延 5 米。

占地面积 270 平方米。

（三）保护范围管理要求

1. 重点保护区管理要求：

（1）与文物本体安全性相关的土地应全部由国家征购，土地使用性质调整为"文物古迹用地"。

（2）16 处"国保"单位强调实行原址保护，不得进行除保护工程之外的任何建设工程或者爆破、钻探、挖掘等工作。

（3）文物修缮工程必须按法定程序办理报批审定手续。

（4）实施有效的安全防护措施。

2. 一般保护区管理要求：

（1）严格控制土地使用性质。

（2）保护区内原则上不得进行除保护工程之外的任何建设工程，因特殊情况需要进行其他建设工程的，应符合保护规划要求，同时必须保证文物保护单位的安全，工程应经国家文物局同意，报湖北省人民政府批准。经过该区的地下管线工程应避免触动文物建筑基础。

（3）保护区内民居建筑的改造必须满足文物保护专项规划的要求。除此之外其他用地的建筑以翻修整理为主，而不应新建其他建设工程。

3. 保护范围内不得建设污染文物保护单位及其环境的设施，不得进行可能影响文物保护单位安全以及环境的活动。对存在污染文物的单位及其环境的设施，应当限期治理。

二、建设控制地带

（一）建设控制地带的划定和总体要求

1. 在保护范围外，为保护文物保护单位的安全、环境和历史风貌，将需要保护环境风貌与限制建设项目的区域划定为文物保护单位的建设控制地带。划定要求：

（1）根据文物保护单位的类别、规模、内容以及周围环境的历史与现实情况合理划定。

（2）尽可能囊括与文物保护单位相关密切的历史地理环境。

（3）能够形成文物保护单位的完整、和谐的视觉空间和环境效果。

（4）能够控制直接影响文物保护单位的环境污染源（包括水系污染、噪音、有害气体排放等）。

2. 建设控制地带范围内可根据各种环境因素对文物构成影响的程度（如距离、环境、视域等）分类划分区块，制定相应的管理要求，以利于区分管理控制强度。建设控制地带的范围一般应不小于保护范围外 50 米，最大边界可取视线所及范围。

3. 在建设控制地带修建新建筑物和构筑物，不得破坏文物保护单位的环境风貌，其设计方案应按规定程序报批。

4. 划定各文物保护单位的建设控制范围的具体界限时，或有明确的标志物为依托，以便文物管理部门现场落实标界工作。

（二）建设控制地带范围

考虑到文物周边环境的整体性和协调性，根据龙港镇革命旧址的分布特征以及对建筑周边环境的评估，将建筑控制地带分为一类建筑控制地带和二类建筑控制地带。

其中：

1. 一类建筑控制地带范围包括以下区域。

老街地块内除保护区外的区域：

（1）北至龙罗路。

（2）东至 106 国道。

（3）南至龙洋路。

（4）西至保护区边界。

占地面积 4.58 公顷。

纪念馆所在街块内除保护区外的区域：

（1）北至陵园路。

（2）南至烈士陵园山坡南界。

（3）东至烈士陵园山坡东界。

（4）西至 106 国道。

占地面积 1.47 公顷。

彭杨学校所在地块：

（1）北至与 106 国道相连的彭杨巷。

（2）南至红军路路口。

（3）东至彭杨学校南墙外道路。

（4）西至 106 国道。

占地面积 1.8 公顷。

龙罗路以北扇形地块：

占地面积 1.43 公顷。

胡桥村龙燕区第八乡苏维埃政府所在地块：

（1）东至建筑前檐外 15 米（池塘外 3 米）。

（2）西至后檐外 10 米。

（3）南至山墙外 20 米。

（4）北至山墙外 10 米。

占地面积 890 平方米。

一类建筑控制地带占地面积共：10.17 公顷

2. 二类建筑控制地带范围包括以下二处区域：

陵园路与红军路之间的地块占地面积 1.26 公顷。

位于彭杨学校西侧，红军路以北地块占地面积 1.64 公顷。

二类建筑控制地带占地面积共 2.90 公顷。

（三）建设控制地带管理要求

1. 基本要求

在建设控制地带内进行建设工程，不得破坏文物保护单位的历史风貌；建设工程选址应当尽可能避开"国保"建筑的文物本体。工程设计方案应报国家文物局同意后，由当地规划部门批准。

不得建设污染文物保护单位及其环境的设施，不得进行可能影响文物保护单位安全及其环境的活动。对已有的污染文物保护单位及其环境的设施，应当限期治理。

不得进行任何有损景观效果与和谐性的行为。

本范围内进行城镇建设，开发强度应有所限制。

建设控制地带内已经建成的建筑物和构筑工程，若对景观影响较大，应予以拆除，影响不大的，可在适当时期拆除或按建设控制地带要求进行调整。

2. 分类控制要求

一类建设控制地带：

该地带往往与保护范围在同一街区地块内，新旧建筑鳞次栉比，对文物本体的安全性和协调性有较大影响。应该根据地方城市规划和经济能力进行分期分批的调整改造。占地面积较大的单位如医院、学校、市场等应首先考虑搬迁。

该地块用地性质不明确，各种类型建筑混杂在一起，应统一调整为传统文化的展示街区，协调建筑风貌。其建设的规模、性质等应按照本规划要求进行，明确规定建筑的功能、高度、材料等。

二类建设控制地带：

该地带与保护范围所在地块相邻，应该根据历史环境的保护要求调整用地性质，应该根据本规划要求，对影响较大的建筑物进行调整改造，强调风貌协调，对建筑的高度应有明确规定。

第四节　保护措施

一、制定和实施原则

1. 依据龙港现有文物保护单位的现状、环境和文物价值制定相应的保护措施。

2. 在国家级文物保护单位的具体保护措施时应强调对历史信息的全面保存，强调历史信息的真实性。在保护措施和技术不够成熟的情况下，应首先考虑具有可逆性的措施。在不影响整体风貌和美观的基础上，文物的修缮应遵循可识别性的原则。

3. 上述所有保护措施的运用必须建立在具体问题实际调研和科学分析的基础上，

技术方案必须经主管部门组织专家论证后，方可实施。保护修缮工程必须委托专业部门进行专项设计，设计方案必须符合国家有关工程的行业规范，依程序审批后才可实施。

二、保护分级

（一）等级划分

本规划结合文物现状评估，从保障重点、资金筹措、讲究效益等方面考虑，对龙港地区的国保单位及周边建筑环境进行统筹规划，设立 2 个保护措施等级与优先顺序。划分依据如下：

1. 公布的文物保护单位。

2. 文物保护价值、历史风貌、管理利用等综合评估。

3. 通过综合评估认定的历史建筑。

（二）适用对象与具体措施

I 级措施：

1. 主要适用于中共鄂东南道委、鄂东南彭杨学校、彭德怀旧居、红军后方医院、鄂东南工农兵银行等 16 处第五批国家级文物保护单位。

2. 建议条件允许下将 16 处国保建筑应全部收归国有，由政府文物部门统一管理。

3. 擅自拆除、改建、迁移文物建筑的，文物行政管理机关应责令恢复原状，对文物造成损坏的，责令赔偿损失。

4. 擅自变更文物建筑使用性质或者使用权的，文物行政管理机关应责令停止侵害行为，对因使用不当造成文物损坏的，责令赔偿损失。

5. 尽快完成 16 处单体的现状勘测，开展文物建筑的修缮工程。

6. 设置专门的保护管理机构，完善管理制度，安排专人负责。

7. 建立详细的记录档案；竖立标志说明。

8. 建筑内保留的土地革命时期的附属文物，如壁画、徽标等，应根据具体情况采取必要的保护和修复措施。

9. 日常维护与管理经费应纳入地方财政计划，提供实施保障。

II 级措施：

1. 主要适用于在规划范围之内、除 I 级以外的具有历史、艺术、文化等各方面价值的历史建筑和其他具有与革命旧址相协调的建筑。

2. 应纳入龙港文物管理的对象范围，进行统一保护和管理，制定管理要求。

3. 应明确相应的保护范围，对残损较严重的进行修缮，避免人为破坏。

4. 对于其中的住户，管理上应有所要求，对于因保护文物而影响生计的，可以考虑适当补偿，如经济补偿或优惠性政策补偿。

5. 建立必要的记录档案。

6. 历史建筑的利用应服从文物建筑保护和展示利用的需要。

7. 日常维护与管理经费纳入地方财政计划，提供实施保障。

（三）针对具体问题的基本措施

根据现状评估和影响因素分析，规划编制下列主要保护措施。

1. 文物建筑本体的保护采用可逆性修缮保护技术与工程措施。

2. 自然灾害问题采取检测和有效防护工程措施。

3. 所有人为破坏问题采用加强管理措施。

4. 自然老化、植物生长和生物病虫害问题主要采用生物措施与化学保护技术相结合的措施。

三、保护范围内的保护措施

（一）保护范围的公布与界标

1. 经本规划确定后的保护范围在评审通过后，应在 60 日内由湖北省人民政府发文公布。

2. 保护范围边界应落实界标，围栏和标志牌，以示公众。

3. 标志说明牌应按照《全国重点文物保护单位保护范围、标志说明、纪录档案和保管机构工作规范（试行）》第三章要求执行。

（二）龙港老街保护措施

针对龙港老街中大量新建筑在建筑体量、建筑色彩以及建筑材料等方面与老街风貌极不协调的情况，结合龙港镇整体搬迁安置，采取以下四种措施保护龙港老街的空间格局：

1. 保护街面的连续性和完整性，禁止对街巷格局有破坏性的拆改行为。

2. 改造老街两侧严重破坏老街风貌的新建筑，保障原有老街街面的连续性；保障原有街道的尺度不变；保障街道的走向不变，保障街道的历史风貌不变。

3. 对老街建筑上反映各个时期的革命标语、建筑徽标、墙画应采取必要的保护或修复措施，保护老街独特的革命色彩的人文历史风貌。

4. 清理街道两厢的七八家木材加工作坊，消除火灾隐患，对街坊边缘做进一步整理修缮。

5. 改造老街路面，恢复原青石板铺装的路面。

6. 所有地面露明电力设施均应改为地下管线，与给水、排水、消防等基础设施改造统一进行考虑。

（三）文物建筑保护措施

针对龙港地区 16 处国保文物建筑，应采取 I 级综合保护措施。

针对文物建筑的保护修缮工程，按照评估结果区分为以下三项措施：

1. 抢救性保护修缮

该措施针对有严重残损或有较大结构安全问题的彭杨学校、龙燕区苏维埃、彭德怀旧居、鄂东南快乐园游艺所等 4 处文物建筑。具体措施为：对文物建筑进行抢险加固，在必要情况下对文物建筑进行落架大修。抢救性修缮工程计划在 2006 年内全部完成。

2. 重点修缮

该措施针对严重残损、无较大结构安全问题的鄂东南工农兵银行、龙燕区第八乡苏维埃、鄂东南中医院、鄂东南总工会、中共鄂东南防空洞等 5 处文物建筑，进行整体修缮。加固结构，更换严重糟朽的构件、修补部分糟朽的构件，补充遗失构件等。

3. 现状保护

该措施针对已经全面或局部维修的中共鄂东南道委、少共鄂东南道委、中共鄂东南特委等 7 处文物建筑。具体措施为对现有建筑进行维护，对于与整体风貌不相协调的门窗、砖瓦、各种木构件等进行局部调整；对文物建筑进行清理，定期进行保养。

16 处文物建筑保护措施表

序号	旧址名称	保护措施	工程时间
1	彭杨学校	抢救性修缮	2006 年
2	中共鄂东南道委	现状维护	2008 年
3	中共鄂东南电台、编讲所	现状维护	2008 年
4	少共鄂东南道委	现状维护	2008 年
5	龙燕区苏维埃旧址	抢救性修缮	2006 年
6	中共鄂东南工农兵银行	重点修缮	2007 年
7	中共鄂东南政治保卫局	现状维护	2007 年
8	鄂东南快乐园、游艺所	抢救性修缮	2006 年
9	彭德怀故居	抢救性修缮	2006 年
10	鄂东南中医院	重点修缮	2007 年
11	鄂东南总工会	重点修缮	2007 年
12	鄂东南苏维埃旧址	现状维护	2007 年
13	鄂东南红军招待所	现状维护	2007 年
14	鄂东南特委遗址	现状维护	2008 年
15	鄂东南特委防空洞	重点修缮	2007 年
16	龙燕区第八乡苏维埃旧址	重点修缮	2007 年

（四）周边建筑改造措施

周边建筑中经过认定的历史建筑应采取 II 级综合保护措施。

针对规划范围内的周边建筑，根据评估结果和所在区划范围应分别采取不同的措施进行保护。

1. 现状维护

现状维护是指经过评估，健康状况良好，建筑风貌与所在区划的建筑控制要求一致，不需要进行拆改或修缮的建筑。

其中，历史建筑现状维护的措施是：根据具体情况，对健康状况良好的建筑进行维护保养；清理不当的添加物，对于残损或遗失的门窗、砖瓦等木构件等进行补遗；恢复完整的历史风貌。

2. 风貌修缮

该措施针对保护区内主体风貌较协调，但局部经过改造的历史建筑，以及对老街传统风貌有较大影响的一般建筑。

具体措施为：对建筑进行风貌协调性修缮，恢复原有的或相适应的历史风貌。

3. 建筑改造

该措施针对一、二类建控地带内对文物建筑和老街历史风貌有一定影响的一般建筑。

具体措施为：可以保持原建筑主体结构不变，按照所在区划的控制要求对建筑的高度、立面材料、色彩以及风格按传统风貌进行协调性改造。

4. 拆除重建

该措施针对保护区内，对文物建筑及龙港老街历史风貌有严重影响的现代建筑。

具体措施为：拆除原建筑，为保障老街的整体风貌，可在空出的建筑原址上重新按规划控制要求进行适当复建，建筑风貌要求与老街传统一致。复建应考虑可识别性原则，不可混淆历史信息的真实性。

5. 拆迁

该措施针对一类建控地带内对文物建筑及龙港老街历史风貌有严重影响的建筑。

具体措施为：对于大型的单位、商场和集贸市场予以整体搬迁，拆除原有建筑。搬迁地点应在保护区划之外。对于影响较大的居民楼予以拆迁，另外安排地点安置。清空后的建筑基址应作为传统地方文化的展示用地，可按照规划要求进行适当建设，也可作为公共空间为当地居民及游人提供交流、休憩的场所空间。应编制相应规划，报相关文物部门批准实施。

周边建筑改造措施表

所在区域	针对建筑	改造措施
一般保护区	健康状况良好的、与老街整体风貌相协调的历史建筑和一般建筑	现状维护
	经过改造的历史建筑，以及对文物建筑及老街传统风貌有一定影响的一般建筑	风貌修缮
	对文物建筑及龙港老街历史风貌有严重影响的现代建筑	拆除重建

所在区域	针对建筑	改造措施
一类建控地带	健康状况良好的、与历史风貌相协调的历史建筑和一般建筑	现状维护
	对文物建筑及龙港老街历史风貌有一定影响的一般建筑	建筑改造
	对文物建筑及龙港老街历史风貌有严重影响的建筑	拆迁
二类建控地带	健康状况良好的、与控制要求相一致的一般建筑	现状维护
	对文物建筑及龙港老街历史风貌有一定影响的一般建筑	建筑改造

第五节　环境整治规划

一、环境整治的总体要求

1. 龙港地区环境整治的范围包括本次规划划定的文物保护区划和相应影响区域。

2. 维护区域内地形地貌，防止水土流失；重点保护与老街联系紧密的龙港河。禁止可能对水体水域生态有污染或破坏性的人为活动。

3. 保持沿龙港老街的空间视廊。从龙港老街向四方观望，目力所及范围内禁止建设高层建筑以及对大地景观有影响的市政工程建设。

二、环境整治的内容

（一）水系

根据评估结果，针对龙港水系现状所面临的问题，应采取以下几项措施：

1. 限止保护区划范围内挖井取水的数量，保护现存的古井。完成保护区内的自来水地下管网建设。埋设排污管道，禁止向河道内倾倒垃圾废物等，禁止生活污水直接向龙港河排放。

2. 保护龙港河的地面径流，展开对水系的整体清理工作，疏通水源及各支流，保障源头活水，保持水系的流动状态。

3. 对龙港河两侧堤岸进行统一整治，规划沿河景观，并对河道进一步清理。

4. 对龙港河的污染状况开展监测。

水系治理具体措施分类表

整治等级	整治措施
重点整治	整治沿河景观，清理垃圾。河道两侧空地种植树木等，改善河道绿化，增强景观质量。
	禁向河道排放污水和倾倒垃圾、废土。定期疏清河道，整治驳岸、护坡
	定期清理水面浮游杂物，进行污染状况监测
一般整治	分离生活排污功能，完善区域排污系统，禁向河道排放污水和倾倒垃圾、废土
	疏浚河道，清理淤泥、杂物
清理维护	疏浚河道，清理淤泥、杂物

（二）基础设施

根据评估结果，针对龙港镇基础设施现状所面临的问题，应采取以下几项措施：

1. 所有电力电讯线路应采用地下埋设，保护区内尤其是老街内不准采用露明线路，清理地面电线杆，整治乱拉电线的行为，尤其是沿街两侧应首先清理，电气线路的改造按相关国家规范进行。

2. 考虑建设自来水厂，纳入龙港镇的发展规划。保护范围内，宜采用地下给水管道，统一进行规划，为每个街坊接入生活给水及消防给水管网。

3. 统一埋设地下污水管网，建立污水处理厂，处理生活污水。

4. 雨水排放可利用现有的道路排水沟系统，经沉沙处理后排入河道内。

5. 面向游客的公共厕所在龙港老街保护范围之外设立，在现有连接106国道与龙港老街的道路两侧增设清洁卫生的公共厕所。

（三）垃圾

针对龙港老街垃圾处理现状所面临的问题，应采取以下几项措施：

1. 设立环境卫生管理机构，建立管理制度，加强环卫管理。

2. 加强环境监督执法，提高居民环卫意识。

3. 清理影响老街环境景观的垃圾和杂物，在城内设置封闭式垃圾收集站，并安排专人收集，垃圾站的位置要隐蔽，确保老街景观不受破坏。要尽快结合乡镇建设规划在镇外设立垃圾处理厂。

（四）道路

针对龙港保护区道路现状所面临的问题，应采取以下几项措施：

1. 区分保护区划范围内的道路等级。根据规划要求，区分人流和车流的主要路线。结合拆迁，适当增加停车场地和消防道路，重新规划保护区内道路体系

2. 对区域内过境公路 106 国道两侧临时商业棚户进行清理整治，适当拓宽路面宽度，提高交通能力。两侧增设人行道，进行绿化防噪和防污染处理。

3. 对 106 国道两侧建筑进行立面整治以及绿化遮挡处理。

4. 增设人行参观道路；设置停车场所，消防道路。

（五）景观

考虑到拆迁对环境的影响及旅游发展对景观的需要，对于保护区环境景观的整治措施应侧重以下几个方面：

1. 拆除后的用地性质需严格按照用地规划控制要求，允许建设的应严格按照建设控制要求进行，合理设计，并综合考虑城市景观环境的设计。

2. 区划范围内的景观设计应与革命旧址、老街风貌相协调，禁止破坏景观协调性的建设。

3. 重点整治龙港河两岸景观，加强绿化，合理设计，协调风貌。

4. 保护生态环境，加强生态环境监控。

（六）龙燕区第八乡苏维埃旧址环境

考虑到龙燕区第八乡苏维埃旧址位于距离龙港镇区 10000 米外的胡桥村，是一处相对独立的文物保护单位，村落整体历史风貌保存较好。通过对周边环境的现场勘查和分析，对该旧址的环境保护应侧重以下几个方面。

1. 保护旧址周边的水塘、稻田和道路格局，整理周围环境。

2. 保留旧址前由水塘和远处稻田组成的景观视线，禁止任何影响视线景观的建设和其他活动。

3. 保护村落历史风貌的完整性，改造景观不协调的新建物，制定相关要求限止新建。

4. 进一步完善基础设施的建设。

第六节 文物展示利用规划

一、红色旅游发展规划

根据中共中央办公厅、国务院办公厅的《2004～2010年全国红色旅游发展规划纲要》（以下简称《纲要》）的总体思路和要求。龙港革命旧址的利用首先应考虑与国家红色旅游规划相结合，整合周边地域的红色资源，突出自身的红色旅游特色，共同营造大区域范围内的红色旅游环境。

从龙港旧址的价值上看，龙港革命旧址虽然没有被明确列入《纲要》计划中，但是在《纲要》提出的八项主题内容中，其中之一是"反映中国共产党在土地革命战争时期建立革命根据地、创建红色政权的革命活动"，龙港旧址正是这一时期革命活动的见证，具有发展红色旅游的重要历史价值。

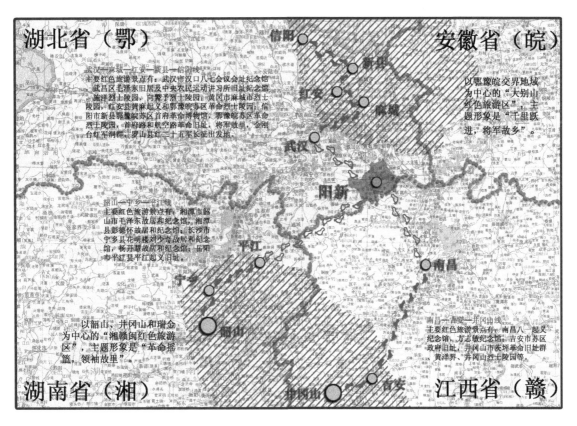

红色旅游区域关系图

从龙港旧址的区域环境上看，龙港南部是以韶山、井冈山和瑞金为中心的"湘赣闽红色旅游区"，北部是以鄂豫皖交界地域为中心的"大别山红色旅游区"，周围与江西南昌、湖南平江、韶山、湖北红安、安徽皖南等重要红色革命地区相毗连。龙港的地理位置处于湘赣鄂三省交接地带，《纲要》中的30条红色旅游精品线路中的"南昌—吉安—井冈山线"位于龙港镇东南（江西境内），"韶山—宁乡—平江线"位于龙港镇西南（湖南境内），"武汉—麻城—红安—新县—信阳线"位于龙港镇北部（湖北境内），三省的红色旅游线路都可以延伸并交汇于龙港，因此，龙港具有很高的发展红色旅游的优势。

结合《纲要》中的规划，提出发展龙港革命旧址的红色旅游的要求和措施如下：

1. 完成龙港革命旧址的保护措施，收集革命文物，发掘革命文化。

2. 继承地方传统风俗，收集革命歌曲，保护和传承地方革命文艺。

3. 进行旅游线路规划和开发，将"武汉—麻城—红安—新县—信阳线"红色精品线路延伸成"龙港—武汉—麻城—红安—新县—信阳线"；发展"南昌—吉安—井冈山线"线路为"龙港—南昌—吉安—井冈山线"线路；发展"韶山—宁乡—平江"线路为"韶山—宁乡—平江—龙港线"线路；将三省的精品旅游线路通过龙港地区丰富的革命旧址彼此联系起来。

4. 整合区域资源，营造较大范围的红色旅游区域。龙港南部是以韶山、井冈山和瑞金为中心的"湘赣闽红色旅游区"，北部是以鄂豫皖交界地域为中心的"大别山红色旅游区"。龙港位于两大红色旅游区域中间，通过保护文物、加强旅游设施建设，开发旅游线路，构筑跨湘鄂赣三省的红色旅游大环境。

二、展示原则与范围

（一）展示原则

1. 以文物保护为前提。

2. 积极将龙港革命旧址的利用与国家红色旅游发展计划相结合。

3. 确保保护与利用的和谐统一。

4. 坚持以社会效益为主，促进社会效益与经济效益协调发展。

5. 合理、科学、适度。

6. 学术研究和科学普及相结合。

（二）展示内容

1. 展示龙港地区土地革命时期根据地的政权组织形式。以龙港老街为中心的苏维埃政权各个机关在土地革命时期的职能和活动情况为主体内容，原貌再现革命旧址的室内外空间布局，展示当年使用过的物品，以及相关革命历史事件、英雄人物生平事迹等，宣传龙港地区土地革命的历史意义，进行爱国主义教育。

2. 龙港老街的建筑文化包括老街格局、传统建筑的历史、艺术价值，如建筑型制、小木雕饰、石碑、石雕等。

3. 古镇的地方文化特色包括名人、诗文、宗族、方言、民俗、节庆、特产、手工艺等。

4. 无形类文化遗产包括革命故事、英雄传说、革命歌曲、革命文艺等。

三、展示策略

鉴于龙港革命旧址集中反映了鄂东南地区土地革命时期的政权组织情况，该地区文物展示应以龙港地区土地革命斗争史展示为主导，以文物建筑、民风民俗展示为辅，突出革命旧址与红色旅游、爱国主义教育、革命传统教育之间的联系。

1. 设置旅游路线。

2. 展示利用。

3. 开发富有地方特色的旅游产品。

4. 完善旅游体系。

5. 组织有特色的旅游活动。

四、展示要求

1. 根据开放条件制定展示目标。

2. 有计划、有重点地突出文物遗存展示，有限制地辅以具有特色的专题陈列馆，并合理制定陈列馆的规模和限制条件。

3. 强化服务意识，面向社会，面向群众，提高陈列馆藏品保护、陈列展示和社会教育的水平，努力满足各个层次人民群众日益增长的精神文化需求，达到爱国主义教育的目的。

4. 所有用于遗址展示服务的建筑物、构筑物和绿化等方案必须在不影响文物原状，不破坏历史环境的前提下进行。

5. 展示设施应采用轻便的、可逆的形式。

6. 遗址展示设施在外形设计上要尽可能简洁，淡化形象，减少体量；材料与做法上既要与遗存本体有可识别性，又要与环境相协调。

7. 文物建筑展示的开放容量应以满足文物保护要求为标准，必须严格控制。

五、展示区规划

龙港革命旧址的展示区主要沿龙港老街大致呈线状分布，由以老街串联 12 处文物建筑组成的土地革命一条街展示区、106 国道西北侧的彭杨学校展示区和西南侧的龙港革命历史纪念馆展示区三部分构成。

（一）功能定位

1. 土地革命一条街展示区以土地革命时期的革命历史文化展示为主，并结合街后河岸做整体环境景观展示。

2. 106 国道西北侧的彭杨学校展示区以文物建筑本体价值结合革命历史展示为主，比如可考虑做革命历史展览馆。

3. 西南侧的龙港革命历史纪念馆可维持现状功能以革命历史实物展示为主，并考虑与山体及防空洞结合将活动范围扩展到自然主体中

4. 3 个展示区之间以传统民居建筑、传统文化展示串联成整体。

（二）展示方式

以步行参观为主要展示方式。利用建筑本体、图纸照片、文字资料、沙盘模型、历史实物、电子技术等，与土地革命时期全国的革命形势结合起来，更多地挖掘革命遗址所反映的历史意义。通过对史实的研究，进一步完善几处富有特色的文物建筑的原貌陈列，使游人能够通过参观龙港镇更深入了解中国的土地革命史，并使这一过程变得富有趣味。

16 处文物建筑利用展示方式如下：

1. 修缮后原貌展示：彭杨学校旧址、鄂东南龙燕区苏维埃政府、彭德怀旧居、劳动总社。

2. 修缮后陈列结合原貌展示：鄂东南快乐园、游艺所，鄂东南中医院。

3. 修缮后陈列展示：中共鄂东南道委，鄂东南电台、编讲所，少共鄂东南道委，鄂东南工农兵银行，鄂东南政治保卫局，鄂东南总工会，鄂东南苏维埃，鄂东南红军招待所，中共鄂东南特委，中共鄂东南特委防空洞。

4. 保护区内除文物建筑之外的民居建筑根据风貌评价，将风貌较好的历史建筑修缮后做民居及旅游服务使用。新建筑可改造或重建作为辅助管理设施如售票处办公室等。

（三）展示路线

建议在现龙港医院所在地和龙洋路南面路口分别设置停车场。在彭杨学校和龙港革命历史纪念馆之间的二类建控地带作为旅游和展示配套的服务用地将两处展示区连接起来。龙罗路和龙洋路与106国道的接口为土地革命一条街展示区入口，内部设置以龙港老街为主干的鱼骨状步行游览系统。

（四）展示设施

完善旅游设施。区内路灯、消防栓、电话亭等构筑物力求避让主要景点，休憩座椅、果皮箱、指示牌、地图等小品设计要小巧、古朴、简洁，与革命历史文化区的风格协调统一。

（五）开发富有地方特色的旅游产品、组织有特色的旅游活动

不仅涵盖各种有地方特色的旅游纪念品及手工艺品如阳新布贴画、手编竹器、名人字画、古董器皿、怀旧遗物、古旧书店等，也可以多方面发掘农耕文化，如地方特色的餐饮、民俗表演、民间节日活动革命题材戏剧演出等，贯穿在行、游、食、住、购、娱等诸多旅游元素中。

（六）管理与服务设施

沿游览路线可设置一些必需的服务设施，如休憩茶座、游客中心、问讯处等。在街道路口设立指示牌和地图，规范旅游路线。公厕设置也应沿主要游览路线，要有指示牌表明修缮文物建筑，改善陈列馆室内展陈环境。

六、保护区旅游规模控制估算

（一）估算原则及依据

1. 文物保护单位的开放容量必须以不损害文物原状、有利于文物管理为前提，容量的测算要具有科学性、合理性，测算数据需要经过实践核实或技术检测修正。

2. 规划初步确定龙港革命旧址保护区开放容量为定值，不得随旅游规划发展期限增加。

3. 各文物保护单位的开放容量测算应综合考虑以下要求：

（1）文物容载标准。

（2）观赏心理标准。

（3）功能技术标准。

（4）生态允许标准。

（二）计算方法及估算结果

本次规划仅对龙港革命旧址保护区限定日最高容量，年旅游环境容量需待保护单位具有较成熟开放条件后进行科学的测算。

计算方法：

$C = (A \div a) \times D$

C——日环境容量，单位为人次

A——可游览区域面积或路线长度，单位为平方米或延米

a——每位游客占用的合理游览空间，单位为平方米／人或米／人

D——周转率，景点平均日开放时间／游览景点所需时间

【保护区范围】（A）

按照游览方式不同，保护区划分为纪念馆、老街区域和彭杨学校三部分，这三者的面积都按照最大开放面积计算。

其中，用于展示的 16 处国保建筑面积 5040 平方米，保护区内其余可通行和观览面积主要为街巷道路、院落和烈士陵园共 1.98 公顷。

【游客占用游览空间】（a）

建筑室内：考虑到原有陈设及展陈面积，游览空间定为 15 平方米／人；

其余可通行面积：考虑到建筑、水系、绿化等占地较大，实际供人通行和观览的

200

面积很小，集中在道路和山体陵园等处，此部分空间，游览空间定为 30 平方米 / 人；

【周转率】（D）

保护区预计每天开放 8 小时，单次游览时间约为 3 小时，周转率为 2.7。

【估算结果】（C）

文物建筑展示室内容量为：908 人次 / 日；环境内容量为 1782 人次 / 日；总接待量为 2690 人次 / 日。

当地文物旅游部门以此作为龙港革命旧址文物保护区内环境容量的控制标准，日接待游客量不得超过该值的 30%，如果超过，就会严重影响旅游品质，长期超过，会对文物本体产生不利影响。

第七节　土地利用调整规划

1. 本保护规划对各文物保护单位规划保护范围并提出土地使用的规划要求，确定各类用地的性质与规模，并纳入相关的城乡建设和土地利用规划。

2. 凡保护范围内的土地使用必须按照保护规划要求严格控制，不得随意改变保护规划所规定的用途类别。若需要变更，必须按照规划变更的审批要求办理相应的手续。凡规划征用为保护区用地的土地，应在规划审批通过后，及时办理或补办《土地证》，并附准确的地形图。

3. 规划范围内用地性质的调整详见规划图。

4. 将龙港老街地块整体作为文物古迹用地，拆迁自由市场、镇政府等机构单位。龙港老街上不准发展木材加工工业。老街南端原有的几处木材加工场，应全部尽快迁出。

5. 为挖掘龙港地区的革命历史文化内涵，发展红色旅游，更好地进行爱国主义宣传和教育，将现有龙港革命历史纪念馆改扩建成专门展示区，以更好地适应未来的展示要求。

6. 清理彭杨学校所在地的周边环境，以彭杨学校为中心，划定成专门的地块作为革命历史展览馆。

7. 清理纪念馆所在地的周边环境，整治龙罗路、龙洋路，重新规整道路体系，将龙港地区的景点组织在合理的游线之中。

8. 整治老街东侧的龙港河，作为与龙港历史环境的一道自然景观，改善龙港地区的自然景观环境。

9. 在用地规划中还要考虑基础设施的改善及其相应用地，主要是污水、垃圾处理、配电和公厕用地，为全面改善居民的居住环境和生活质量提供保障。

规划用地性质兼容性表

	城镇建设用地	文物古迹用地	旅游建设用地	乡村生态景观用地	文物展陈和管理	民俗活动用地	山林用地	城市发展用地
I 类		●			●	●		
II 类	●		●		●	●		
III 类	●			●				●
IV 类				●			●	●
V 类				●			●	

土地使用控制表

地块编号	所属保护区划	面积（平方米）	高度控制（米）	建筑外材料	屋面形式	土地使用兼容性
01	建设用地	18283	18	—	—	III 类
02	建设用地	4365	18	—	—	III 类
03	建设用地	10045	18	—	—	III 类
04	建设用地	1808	18	—	—	III 类
05	景观用地	2922	—	—	—	IV 类
06	建设用地	9823	18	—	—	III 类
07	建设用地	8320	18	—	—	III 类
08	建设用地	14540	18	—	—	II 类
09	一类建设控制地带 / 建设用地	12404	11.5	砖木	坡屋顶	II 类
10	建设用地	3697	11.5	砖木	坡屋顶	
11	一类建设控制地带	9906	11.5	砖木	坡屋顶	I 类
12	景观用地	9646	—	—	—	IV 类
13	重点保护区 / 一般保护区 / 一类建设控制地带	47211	7	砖木	坡屋顶	I 类

续 表

地块编号	所属保护区划	面积（平方米）	高度控制（米）	建筑外材料	屋面形式	土地使用兼容性
14	重点保护区／一般保护区／二类建设控制地带	54772	7	砖木	坡屋顶	I 类
15	景观用地	50416	—	—	—	IV 类
16	景观用地	31130	—	—	—	IV 类
17	山林用地	48024	—	—	—	V 类
18	景观用地	14019	—	—	—	V 类
19	山林用地	26358	—	—	—	V 类
20	建设用地	64876	11.5	—	—	III 类
21	建设用地	4039	11.5	—	—	V 类
22	建设用地	11304	11.5	—	—	II 类
23	一般保护区	5044	7	砖木	坡屋顶	V 类
24	重点保护区／一般保护区／一类建设控制地带	21747	7	砖木	坡屋顶	I 类
25	二类建设控制地带	12342	7	砖木	坡屋顶	II 类
26	二类建设控制地带	16161	11.5	砖木	坡屋顶	II 类
27	重点保护区／一类建设控制地带	17979	7	砖木	坡屋顶	I 类
28	建设用地	17661	11.5	—	—	III 类
29	景观用地	27873	—	—	—	III 类
30	景观用地	3521	—	—	—	III 类
31	建设用地	20044	18	—	—	III 类
32	建设用地	3201	18	—	—	III 类
33	山林用地	1321	—	—	—	V 类
34	山林用地	435	—	—	—	V 类
35	山林用地	18471	—	—	—	V 类

第八节 文物管理规划

一、管理策略

加强管理、制止人为破坏是有效保护和合理利用龙港革命旧址遗存的基本保证，根据《中华人民共和国文物保护法》，龙港镇文物保护与管理应在管理方面落实下列工作：

1. 深化文物管理体制改革，加强文物保护的机构建设和职能配置。

2. 大力推进依法管理，依法行政，健全执法队伍，加大执法力度。

3. 加强对龙港镇革命旧址文物保护工作的政策研究，制定更加科学、合理、严密、完善的规章、制度、政策和规划。

3. 增加龙港镇文物保护、管理工作中的科技含量，充分利用现代科技成果与手段，提高文物建档、保管、保护、展览、信息传播和科学研究水平。

4. 积极普及龙港镇的革命历史文化，宣传革命旧址的历史、科学、艺术、文化价值及其重要作用，加强爱国主义教育，提高全民族的文物保护意识，努力完善国家保护为主，动员全社会共同参与文物保护的体制。

根据"保护为主，抢救第一，加强管理，合理利用"的文物工作方针，规划采取以下主要对策：

1. 管理机构建设。

2. 制定管理规章要求。

3. 编制日常管理工作内容。

二、管理机构

1. 加强管理是实施文物有效保护的重要前提。根据评估结果，应专门设立龙港镇文物保护管理机构，例如设立龙港镇文物保护管理所。

2. 现有文物管理人员不能满足有效管理的要求，应结合管理机构的建立，配备完备的管理人员。全面负责龙港革命文物的调查征集、保护管理、日常维护修缮、宣传陈列和科学研究等工作，并可根据不同情况建立相应的群众性保护组织。

三、管理规章

根据《中华人民共和国文物保护法》，阳新县人民政府应当制定并颁布龙港镇各文物保护单位的保护管理条例，作为保护和管理文物的行政法规。

管理条例主要内容包括：

1. 保护范围与建设控制地带的界划，应包括四至边界，各项具体管理和环境治理要求。

2. 管理体制与经费，包括各级地方政府、行政部门和管理机构的相关职责。

3. 根据规划内容制定保护管理内容及要求，其中应根据文物自身的开放容量为核算依据，限定开放容量，容量的确定以不损害文物原状为前提，讲究科学，要经监测计算和实践过程检验修正。

4. 奖励与处罚，包括保护范围和建设控制地带内对违章行为的处罚和对支持管理、加强保护行为的奖励，包括禁止非法建设等。

四、日常管理

1. 各文物保护单位的日常管理主要由龙港镇文物保护管理所负责。

2. 日常管理工作的主要内容有：

（1）保证安全，及时消除隐患。

（2）记录、收集相关资料，做好业务档案。

（3）开展日常宣传教育工作。

3. 建立自然灾害、遗存本体与载体、环境以及开放容量等检测制度，积累数据，为保护措施提供科学依据。

4. 做好经常性保养维护工作，及时化解文物所受到的外力侵害，对可能造成的损伤采取预防性措施。

5. 建立定期巡查制度，及时发现并排除不安全因素。

第九节 专项规划

一、给排水系统

（一）给水系统

1. 村镇供水工程是地方各级政府考虑的重点工作之一。龙港镇的供水应隶属于一个区域范围的乡镇集中供水工程，纳入阳新县整体发展规划或者黄石市发展规划。在龙港镇设立相应的供水管理站。

2. 供水工程应符合中华人民共和国水利行业标准——《村镇供水工程技术规范（SL 310–2004）》。

3. 给水干管应考虑地下埋设，管线布置应该沿龙港镇主要道路敷设。

4. 给水系统应考虑消防的需要。

5. 保护地下水资源，防止过度使用地下水，禁止私自抽取地下水和挖井，保留现有老宅内水井。

（二）雨水排放系统

1. 目前龙港镇各级道路两旁均设有暗沟，支路与主路相连，构成全镇的暗沟排水体系，雨水通过暗沟收集排向龙港河。老街道路中间有暗沟，上铺青石板，两旁老房子内的天井石槽下面有暗沟与老街中间的暗沟相通，生活污水和雨水从各家天井内排入暗沟，再排入龙港河。这一排水体系属于历史格局，应该予以保留。

2. 保护区内以暗沟为体系的雨水排放系统现状较好，但沟渠、管道淤堵严重。

3. 整治疏浚保护区内排水沟渠，确保排水系统顺畅。

4. 排放雨水经沉沙后，方可排入龙港河内。

（三）生活污水排放系统

1. 生活污水排放应采用集中管网，管网敷设应考虑与给水、电力管网统一进行规划实施。

2. 主要管网沿道路铺设，地面留有井口，使规划区内各地段均实现排污通畅。

3. 老街两侧老宅内的污水排放应考虑采取降解自排，经处理后，才可排入老街暗沟。严禁生活污水直接排放入龙港水系。

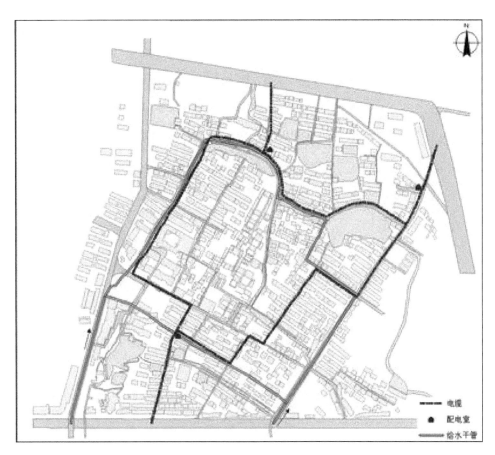

规划给水干管及电力设施系统

二、消防系统

提高龙港革命旧址保护区的抗灾防灾能力是本规划的重点之一，也是龙港革命旧址可持续发展的重要保证。规划要求降低区域的建筑密度和居住密度，增加疏散场地和疏散通道。新建建筑需按抗震和防火要求建设。

1. 根据现有道路状况，在保护区四周设置进入重点保护区的消防通道，保证消防车能够顺捷到达保护区的边缘。

2. 利用给水管网，在文物建筑附近布置消火栓，保障每一幢革命旧址均在消火栓的服务半径内。

3. 在给水管网未完成敷设前，可考虑利用龙港河作为消防水源，设置消防水塔，敷设保护区内，尤其是老街上的消防管网。

4.根据规范要求，在革命旧址保护区内设置一套火灾自动报警系统（FAS）。消防控制室内设置火灾自动报警屏及消防专用电话控制设备。所有文物建筑内部应布置摄像监控装置和防火报警器。

规划要求具有完善的消防机构，加强消防队伍的建设，配置适用于龙港革命旧址保护区狭窄街道的小型消防车和各种消防设备，增加消防栓的密度。各建筑单体应配置简易消防设备；加强消防知识的普及工作，提高防灾意识及自救能力。

三、电力电信系统

1.拆除区内电线杆，整治区内电线乱搭乱接。

2.电力电信系统应统一采用地下电缆方式敷设。

3.电力系统经龙港镇变电站导入保护区。

4.改造街道公共照明，规划水系的公共照明。

5.在龙港革命旧址保护区内敷设必要的照明系统及监测系统，设置配电、监控等管理用房。

6.此项规划应委托专业部门进行规划设计，报地方文物主管部门批准，方可实施。

四、防雷系统

龙港革命旧址保护区内各文物建筑单体的防雷应按《建筑物防雷设计规范》（GB50057-94〔2000年版〕）的要求设计，建筑物防雷按三类防雷建筑设计，在建筑物屋顶屋脊和山墙设避雷带，防雷引下线利用40毫米×4毫米镀锌扁钢作防雷引下线，利用50毫米×50毫米度锌角钢作接地极。防雷接地电阻不大于30欧姆。

五、其他要求

1.龙港镇发展总体规划应首先考虑龙港文物保护的基本要求，将文物保护规划纳入地方城镇总体发展规划当中。

2.对于在总体层面与本规划的关联性，需委托专业部门编制《地区旅游规划》。

3. 其他相关规划应充分考虑与本规划相衔接。

4. 应充分重视地区革命历史研究工作，加强研究力量，提出工作计划。

第十节　规划实施分期

一、近期（2006 年—2008 年）实施要点及主要内容

1. 完成保护区内 16 处革命旧址的保护措施。

（1）2006 年完成彭杨学校、彭德怀故居、龙燕区苏维埃旧址、鄂东南快乐游艺园 4 处文物保护单位的抢救性修缮工程及相关保护措施。

（2）2007 年完成中共鄂东南工农兵银行、鄂东南中医院等 5 处文物保护单位的修缮工程；完成中共鄂东南政治保卫局、鄂东南苏维埃旧址、鄂东南红军招待所三处文物保护单位的保养维护工作。

（3）2008 年完成中共鄂东南道委、中共鄂东南电台编讲所、少共鄂东南道委、鄂东南特委遗址 7 处文物保护单位的保养维护及相关保护措施。

2. 完成保护区划内历史建筑的保护措施。

（1）龙港老街历史建筑的保护修缮措施。

（2）相关附属文物保护措施。

3. 准备申报材料，将龙港革命旧址纳入省级和国家红色旅游发展规划。

4. 完成老街消防水源建设及管网敷设，考虑将来与市镇给水系统的接口。

5. 加强管理机构和组织建设，制定完善保护管理条例，加强执法监督。

6. 开展保护区内居民、单位的拆迁工作。

7. 开展革命文物的收集，历史资料的整理；开展展陈方面的设计。

8. 督促县市政府部门开展龙港镇在乡镇供水，排污、电力电信等基础设施方面的规划建设。

二、中期（2009 年—2011 年）实施要点及主要内容

1. 完成保护区内建筑拆迁和改造工程，进行居民搬迁安置。

2.完成老街整体的保护措施。

3.完成相关市政设施建设工程。

4.开展建筑控制地带内的展示陈列规划和配套服务工程。

5.完成保护范围内的环境清理整治措施。

（1）以龙港河为中心的水系清理整治措施。

（2）以卫生设施改善为重点的环境治理。

（3）弃置地清理及绿化治理。

（4）龙港老街外围环境治理措施。

（5）危害老街传统风貌建筑的拆迁安置工程。

（6）完成龙燕区第八乡苏维埃旧址的环境清理工作。

6.进一步开展革命文化、历史的宣传展示工作。

三、远期（2012年—2015年）实施要点及主要内容

1.完成建设控制地带内的建筑改造、环境治理工程。

2.完成建筑控制地带内的展示陈列工程建设和其他配套服务工程。

3.结合乡镇发展总体规划，促进发展地方文物保护事业。

4.进一步提高革命文物整体环境质量，将保护、开发和利用提高到更高层次。

四、不定期计划

根据相关调查和研究工作的进展而定，可能包括以下内容

1.位于本规划范围之内、新近勘查到的革命遗迹的保护工作。

2.保护区内影响文物保护的不确定因素的落实。

3.新的保护任务和展示任务。

第二章　规划图

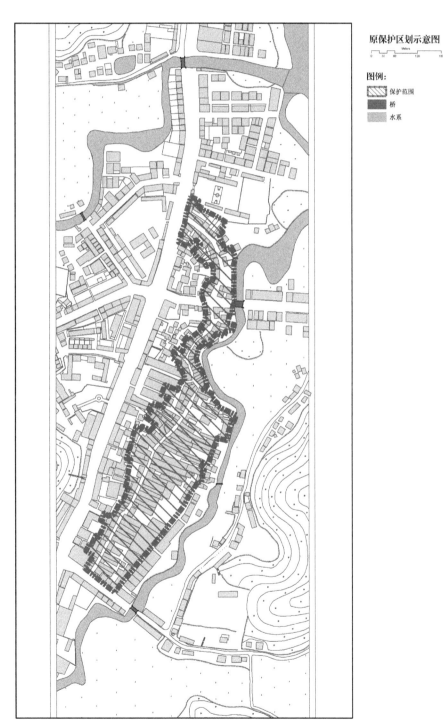

原保护区划示意图

图例：

保护范围

桥

水系

保护区划分示意图

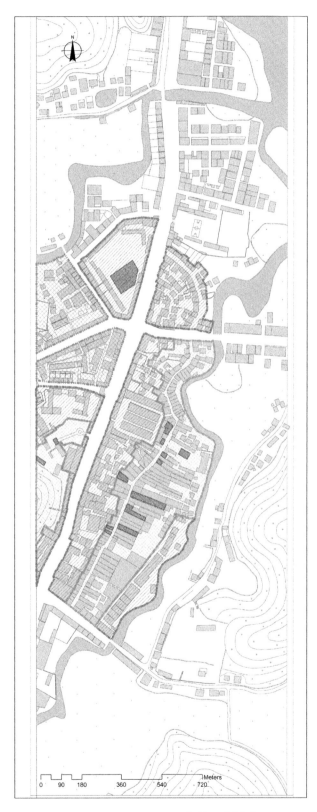

图例:

- 重点保护区
- 保护区
- 一类建控地带
- 二类建控地带
- 周边建筑
- 水系

第八乡苏维埃旧址保护区划图

保护区划分级图

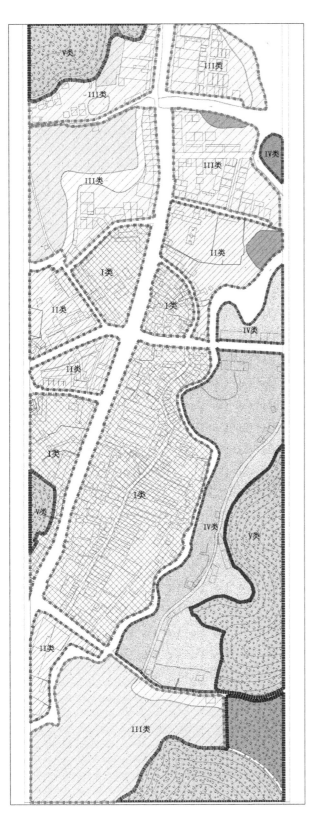

图例：

圖例：

I类用地

II类用地

III类用地

IV类用地

V类用地

用地兼容性规划建议图

213

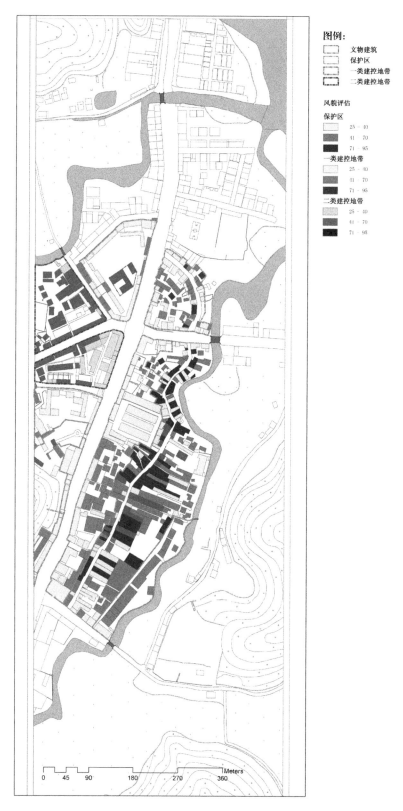

图例:
- 文物建筑
- 保护区
- 一类建控地带
- 二类建控地带

风貌评估

保护区
- 25 - 40
- 41 - 70
- 71 - 95

一类建控地带
- 25 - 40
- 41 - 70
- 71 - 95

二类建控地带
- 25 - 40
- 41 - 70
- 71 - 95

周边建筑改造措施图

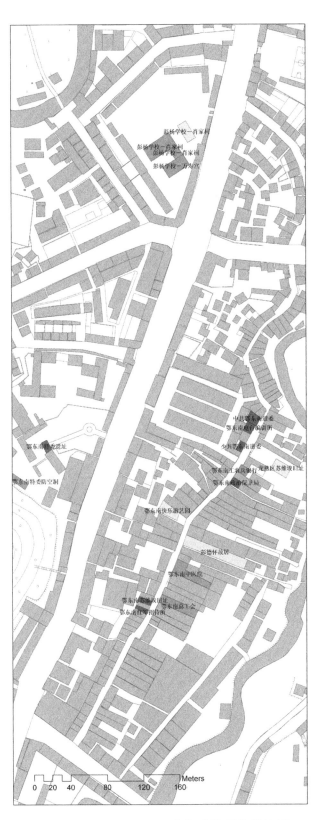

抢救性修缮
重点修缮
现状保护

文物建筑保护措施图

215

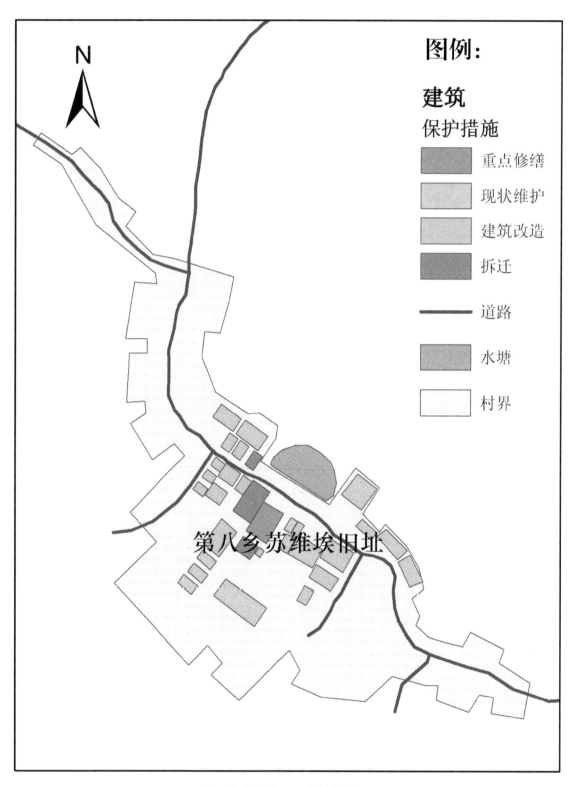

第八乡苏维埃旧址保护措施图

图例：

道路等级

■‖‖‖ 国道

■‖‖‖ 镇级干道

■‖‖ 街道

沿河道

巷道

乡村道

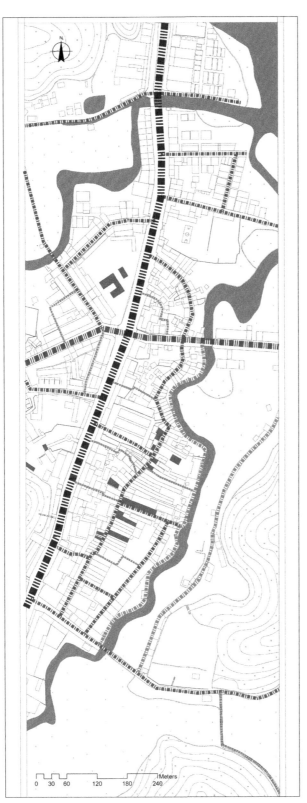

道路系统规划图

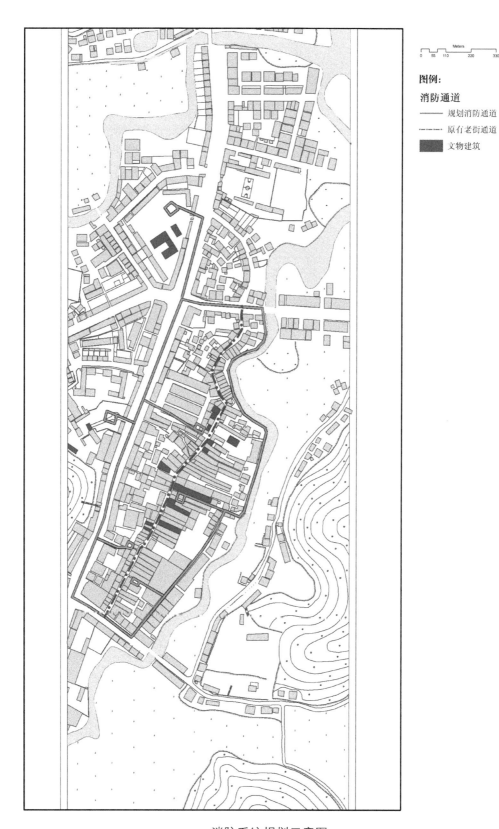

消防系统规划示意图

图例:

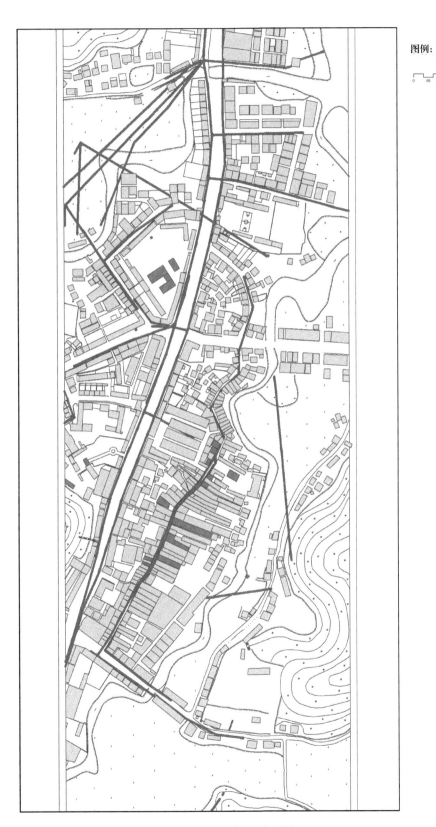

电力系统现状图

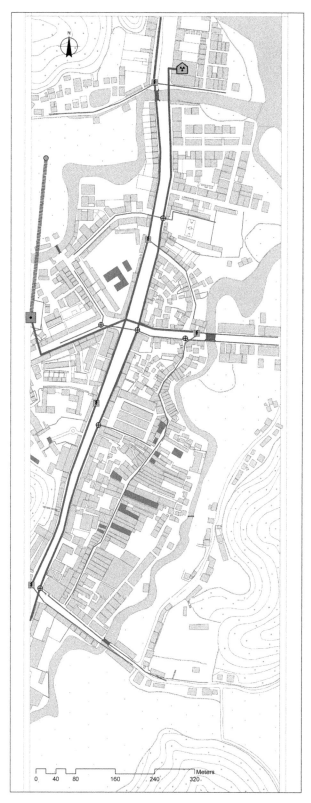

图例:

强电线路
—— 低压线
—— 高压线
▮▮▮▮▮ 高压线(输入)
⚡ 变压器
■ 变电站
◉ 高压塔

弱电线路
—— 主线路
—— 支线路
⊕ 弱电井
⌂ 电信局

说明:所有线路采用地埋式,
预留弱线路检修井。

电力系统规划示意图

图例:

给水管道
—— 支干管
—— 城市主干管

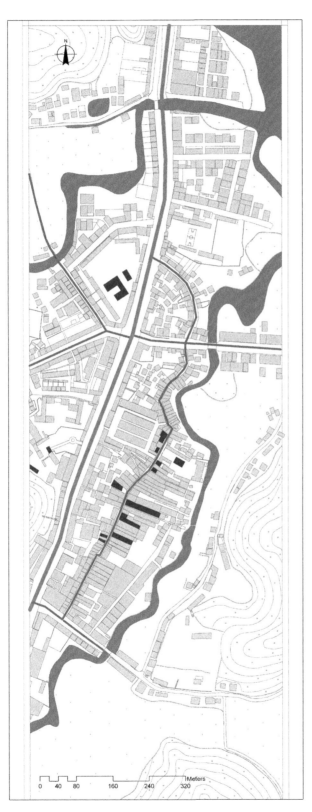

给水系统规划图

消火栓布置示意图

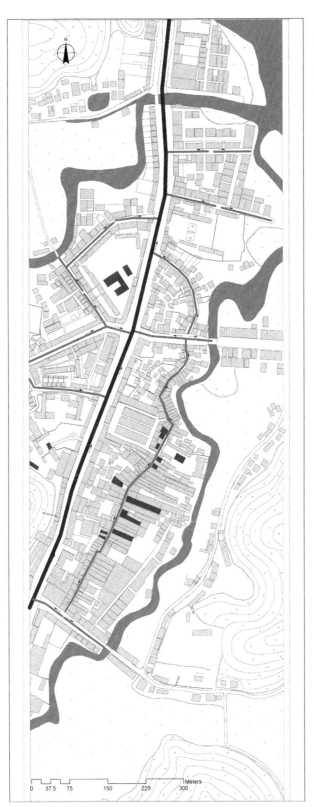

图例:

排雨沟渠

━━━ 丰道路暗沟

─── 支道路暗沟

─→ 排水方向

雨水排放系统规划图

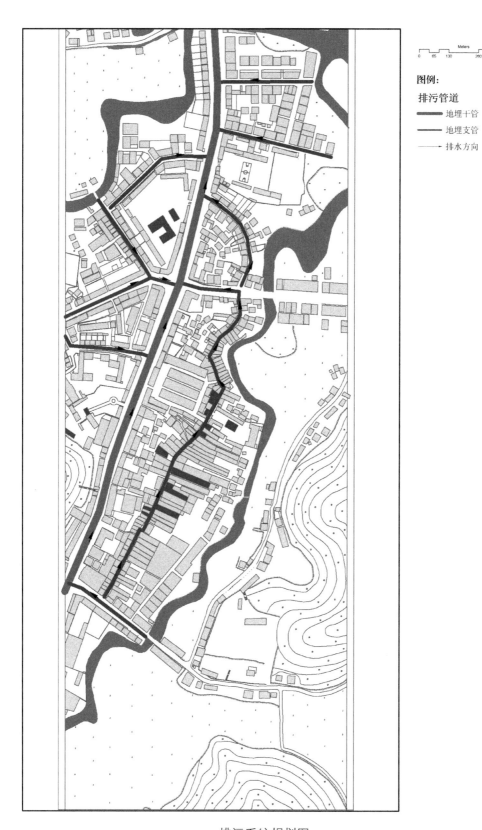

排污系统规划图

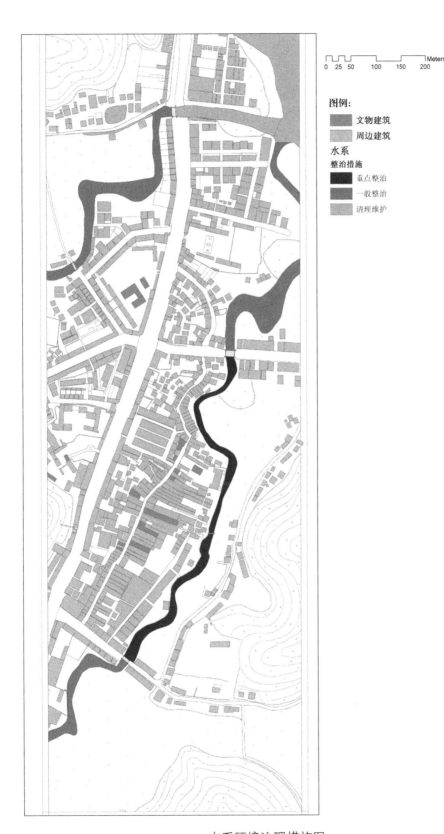

图例：
文物建筑
周边建筑
水系
整治措施
重点整治
一般整治
清理维护

水系环境治理措施图

225

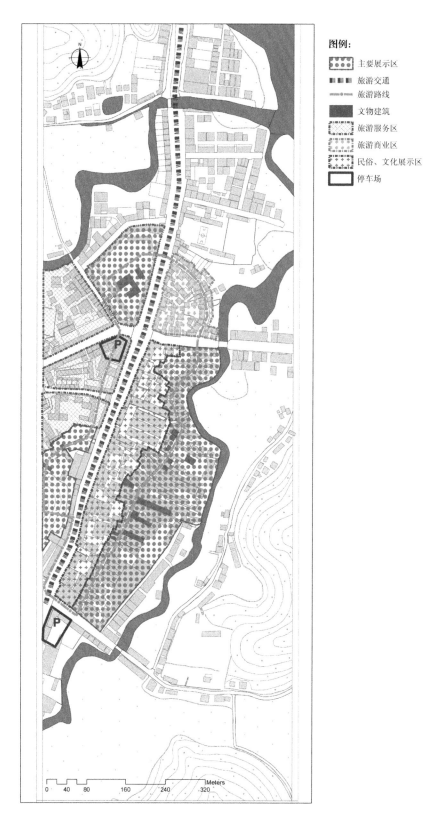

图例：

:::: 主要展示区

▓▌▌ 旅游交通

▭▭▭ 旅游路线

▓▓ 文物建筑

:::: 旅游服务区

:::: 旅游商业区

:::: 民俗、文化展示区

□ 停车场

展示利用规划图

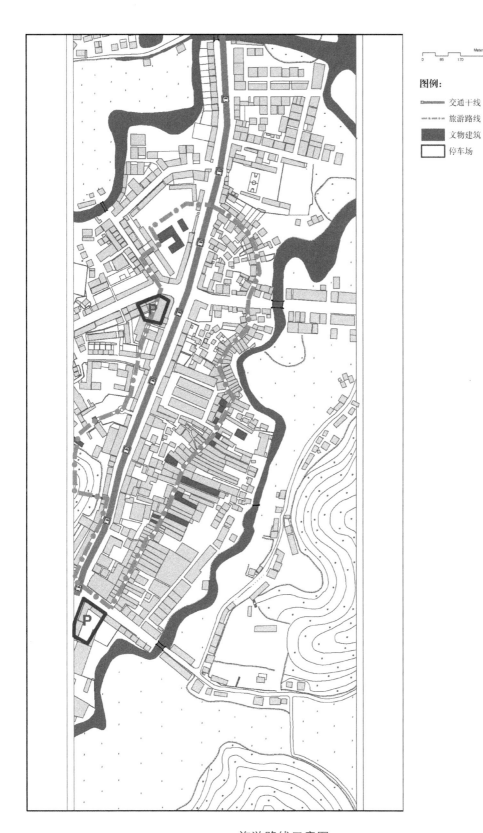

图例:
交通十线
旅游路线
文物建筑
停车场

旅游路线示意图

227

图例:

- 一期
- 一期~二期
- 二期~三期
- 三期

说明: 分期实施中每期都有大量的工作。本图根据各期工作重点的不同画出分期实施示意图。

保护规划分期实施图

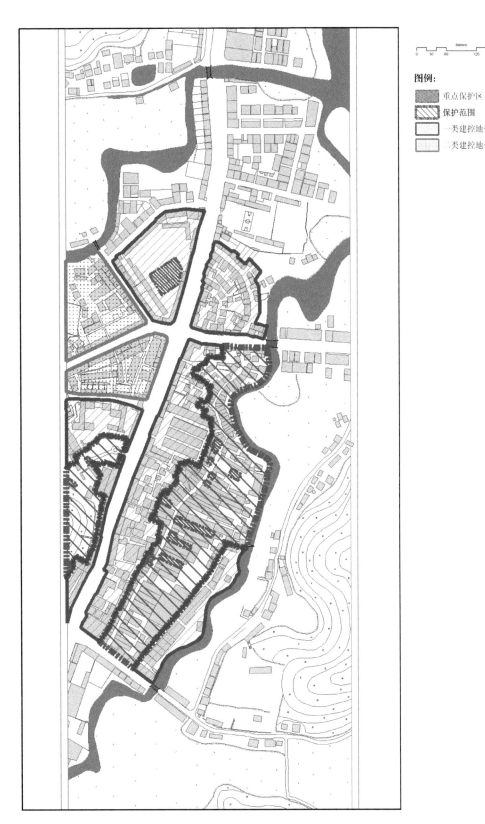

图例：
重点保护区
保护范围
一类建控地带
二类建控地带

保护区划分级图

229

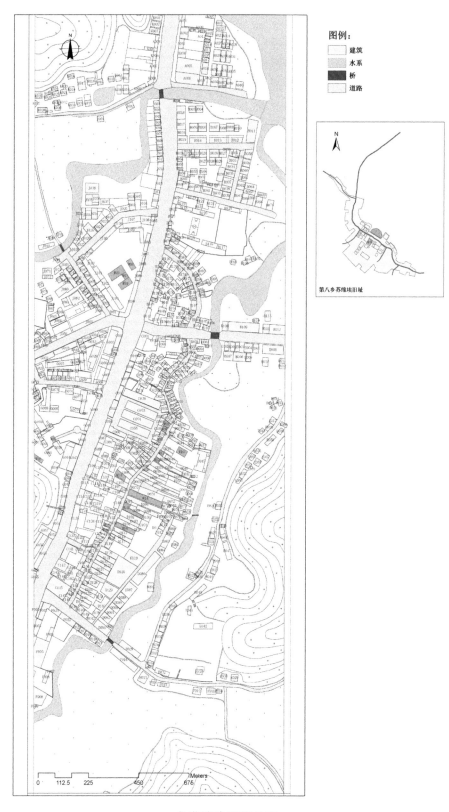

图例：

建筑
水系
桥
道路

第八乡苏维埃旧址

龙港镇建筑编号图

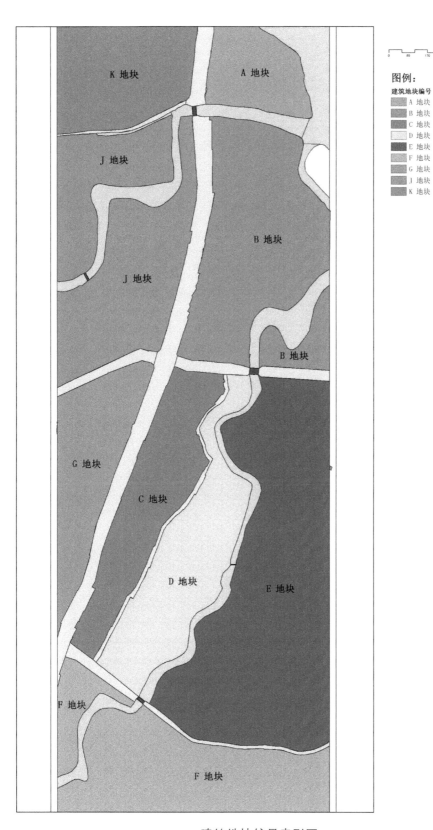

建筑地块编号索引图

附录一 文物建筑基础资料表

文物建筑评估表

建筑编号	建筑功能	建筑高度	建筑结构	建筑材料	历史功能	历史完整性	艺术价值	使用状况	建筑年代	历史风貌评估
W01	革命遗存	一层	砖构	水泥	彭杨学校－肖家祠	缺失	特别高	闲置	民国	78
W02	革命遗存	二层	砖木	红砖	彭杨学校－肖家祠	缺失	较高	闲置	民国	74
W03	革命遗存	一层	砖木	涂料	彭杨学校－肖家祠	缺失	特别高	闲置	民国	80
W04	革命遗存	二层	砖木	灰砖	彭杨学校－万寿宫	缺失	较高	部分使用	民国	76
W05	革命遗存	一层	砖木	灰砖	鄂东南特委遗址	不完整	较高	闲置	民国	70
W06	革命遗存	一层	其他	石	鄂东南特委防空洞	不详	较高	闲置	民国	64
W07	居住	二层	木构	木装	中共鄂东南道委	不完整	特别高	完全使用	民国	76
W08	居住	二层	砖木	木装	鄂东南电台编讯所	不完整	特别高	完全使用	民国	74
W09	居住	二层	砖木	木装	少共鄂东南道委	不完整	特别高	完全使用	民国	74
W10	革命遗存	二层	砖木	灰砖	龙燕区苏维埃旧址	完整	特别高	闲置	民国	88
W11	居住	二层	砖木	木装	鄂东南工农兵银行	缺失	较高	部分使用	民国	78
W12	居住	一层	砖木	木装	鄂东南政治保卫局	缺失	较高	完全使用	民国	80

续　表

建筑编号	建筑功能	建筑高度	建筑结构	建筑材料	历史功能	历史完整性	艺术价值	使用状况	建筑年代	历史风貌评估
W13	革命遗存	一层	砖木	木装	鄂东南快乐游乐园	不完整	特别高	闲置	民国	78
W14	革命遗存	二层	砖木	木装	彭德怀故居	完整	特别高	闲置	清末	96
W15	医院	二层	砖构	涂料	鄂东南中医院	缺失	高	部分使用	民国	70
W16	作坊	二层	木构	木装	鄂东南总工会	缺失	特别高	完全使用	清末	84
W17	居住	二层	砖木	木装	鄂东南苏维埃旧址	不完整	高	完全使用	民国	74
W18	居住	二层	砖木	木装	鄂东南红军招待所	不完整	高	完全使用	民国	74
W19	革命遗存	二层	砖木	木装	第八乡苏维埃	完整	特别高	闲置	清末	96

文物建筑残损表

建筑编号	建筑质量	结构残损	墙体残损	屋面残损	基础残损	装饰残损	残损评估	保护措施
W01	三级残损	三级残损	三级残损	二级残损	三级残损	—	29	抢救性修缮
W02	三级残损	三级残损	二级残损	三级残损	一级残损	三级残损	47	重点修缮
W03	二级残损	一级残损	二级残损	一级残损	二级残损	四级残损	49	重点修缮
W04	三级残损	三级残损	三级残损	一级残损	二级残损	四级残损	47	重点修缮
W05	良好	一级残损	一级残损	一级残损	良好	良好	73	现状维护
W06	良好	二级残损	二级残损	二级残损	二级残损	—	42	重点修缮
W07	二级残损	二级残损	良好	二级残损	良好	一级残损	84	现状维护
W08	一级残损	二级残损	二级残损	二级残损	二级残损	一级残损	69	现状维护
W09	一级残损	二级残损	一级残损	三级残损	二级残损	二级残损	64	现状维护

续　表

建筑编号	建筑质量	结构残损	墙体残损	屋面残损	基础残损	装饰残损	残损评估	保护措施
W10	四级残损	四级残损	三级残损	四级残损	二级残损	三级残损	29	抢救性修缮
W11	二级残损	一级残损	三级残损	二级残损	二级残损	—	51	重点修缮
W12	二级残损	二级残损	二级残损	二级残损	一级残损	—	67	现状维护
W13	四级残损	四级残损	四级残损	二级残损	二级残损	—	27	抢救性修缮
W14	三级残损	四级残损	三级残损	三级残损	三级残损	三级残损	31	抢救性修缮
W15	三级残损	三级残损	二级残损	三级残损	二级残损	一级残损	51	重点修缮
W16	三级残损	三级残损	三级残损	二级残损	二级残损	三级残损	56	重点修缮
W17	三级残损	三级残损	三级残损	二级残损	一级残损	一级残损	69	现状维护
W18	二级残损	三级残损	二级残损	一级残损	一级残损	二级残损	71	现状维护
W19	二级残损	一级残损	三级残损	二级残损	二级残损	一级残损	52	重点修缮

234

附录二　周边建筑基础资料表汇编

周边建筑评估表

建筑编号	建筑功能	建筑高度	建筑结构	建筑材料	艺术价值	建筑质量	使用状况	建筑年代	历史风貌评估	健康状况评估	建筑类型	所属区划	保护措施
A001	机关	三层	砖混	面砖	新建不协调	完好	完全使用	新建	30	90	一般建筑		
A002	机关	三层	砖混	涂料	新建不协调	完好	完全使用	新建	33	90	一般建筑		
A003	机关	四层	砖混	面砖	新建不协调	完好	完全使用	新建	28	90	一般建筑		
A004	商业	三层	砖混	面砖	新建不协调	一般	完全使用	新建	30	100	一般建筑		
A005	商业	五层	砖混	面砖	新建不协调	完好	完全使用	新建	25	90	一般建筑		
A006	商业	二层	砖构	面砖	新建不协调	一般	部分使用	新建	35	80	一般建筑		
A007	居住	二层	砖构	面砖	新建不协调	一般	闲置	新建	40	60	一般建筑		
A008	机关	二层	砖构	涂料	新建不协调	完好	闲置	新建	38	50	一般建筑		
A009	机关	二层	砖构	涂料	新建不协调	完好	闲置	新建	38	50	一般建筑		
A010	机关	二层	砖构	涂料	新建不协调	完好	闲置	新建	38	50	一般建筑		
A011	居住	二层	砖构	红砖	新建不协调	一般	完全使用	新建	43	100	一般建筑		
A012	居住	二层	砖构	红砖	新建不协调	一般	完全使用	新建	43	100	一般建筑		

续表

建筑编号	建筑功能	建筑高度	建筑结构	建筑材料	艺术价值	建筑质量	使用状况	建筑年代	历史风貌评估	健康状况评估	建筑类型	所属区划	保护措施
A013	居住	二层	砖构	红砖	新建不协调	一般	完全使用	新建	43	100	一般建筑		
A014	居住	三层	砖构	面砖	新建不协调	一般	完全使用	新建	40	100	一般建筑		
A015	居住	三层	砖构	面砖	新建不协调	一般	完全使用	新建	40	100	一般建筑		
A016	居住	三层	砖构	面砖	新建不协调	一般	完全使用	新建	38	100	一般建筑		
A017	居住	三层	砖构	面砖	新建不协调	一般	完全使用	新建	38	100	一般建筑		
A018	居住	二层	砖构	面砖	新建不协调	一般	完全使用	新建	40	100	一般建筑		
A019	居住	二层	砖构	面砖	新建不协调	完好	完全使用	新建	40	90	一般建筑		
A020	居住	三层	砖构	面砖	新建不协调	一般	完全使用	新建	38	100	一般建筑		
A021	居住	三层	砖构	面砖	新建不协调	一般	完全使用	新建	38	100	一般建筑		
A022	居住	二层	砖构	面砖	新建不协调	一般	完全使用	新建	40	100	一般建筑		
A023	居住	二层	砖构	面砖	新建不协调	一般	完全使用	新建	40	100	一般建筑		
A024	居住	三层	砖构	面砖	新建不协调	一般	完全使用	新建	40	100	一般建筑		
A025	居住	三层	砖构	面砖	新建不协调	完好	完全使用	新建	38	90	一般建筑		
A026	居住	三层	砖构	面砖	新建不协调	一般	完全使用	新建	38	100	一般建筑		
A027	居住	三层	砖构	面砖	新建不协调	一般	完全使用	新建	38	100	一般建筑		
A028	居住	三层	砖构	面砖	新建不协调	一般	完全使用	新建	38	100	一般建筑		
A029	居住	二层	砖构	面砖	新建不协调	一般	完全使用	新建	40	100	一般建筑		
A030	居住	三层	砖构	面砖	新建不协调	一般	完全使用	新建	38	100	一般建筑		

续 表

建筑编号	建筑功能	建筑高度	建筑结构	建筑材料	艺术价值	建筑质量	使用状况	建筑年代	历史风貌评估	健康状况评估	建筑类型	所属区划	保护措施
A031	居住	三层	砖构	面砖	新建不协调	一般	完全使用	新建	38	100	一般建筑		
A032	居住	二层	砖构	面砖	新建不协调	一般	完全使用	新建	40	100	一般建筑		
A033	居住	一层	砖构	红砖	新建不协调	一般	完全使用	新建	45	100	一般建筑		
A034	居住	二层	砖构	面砖	新建不协调	一般	完全使用	新建	40	100	一般建筑		
A035	居住	二层	砖构	面砖	新建不协调	一般	完全使用	新建	40	100	一般建筑		
A036	居住	三层	砖构	面砖	新建不协调	一般	完全使用	新建	38	100	一般建筑		
A037	居住	二层	砖构	面砖	新建不协调	一般	完全使用	新建	40	100	一般建筑		
A038	居住	二层	砖构	面砖	新建不协调	一般	完全使用	新建	40	100	一般建筑		
A039	居住	二层	砖构	面砖	新建不协调	一般	完全使用	新建	40	100	一般建筑		
A040	居住	二层	砖构	面砖	新建不协调	一般	完全使用	新建	40	100	一般建筑		
B001	作坊	一层	砖构	青砖	新建不协调	危房	部分使用	新建	45	50	一般建筑		
B002	作坊	一层	砖构	青砖	新建不协调	危房	部分使用	新建	45	50	一般建筑		
B003	居住	二层	砖构	面砖	新建不协调	一般	完全使用	新建	40	100	一般建筑		
B004	居住	二层	砖构	面砖	新建不协调	一般	部分使用	新建	40	80	一般建筑		
B005	居住	三层	砖构	面砖	新建不协调	一般	部分使用	新建	40	80	一般建筑		
B006	居住	一层	砖构	面砖	新建不协调	一般	部分使用	新建	43	80	一般建筑		
B007	居住	二层	砖构	面砖	新建不协调	一般	完全使用	新建	40	100	一般建筑		
B008	居住	二层	砖构	红砖	新建不协调	一般	完全使用	新建	43	100	一般建筑		

续　表

建筑编号	建筑功能	建筑高度	建筑结构	建筑材料	艺术价值	建筑质量	使用状况	建筑年代	历史风貌评估	健康状况评估	建筑类型	所属区划	保护措施
B009	居住	二层	砖构	红砖	新建不协调	一般	完全使用	新建	43	100	一般建筑		
B010	居住	二层	砖构	红砖	新建不协调	一般	完全使用	新建	43	100	一般建筑		
B011	商住	三层	砖构	面砖	新建不协调	完好	完全使用	新建	35	90	一般建筑		
B012	商住	二层	砖构	面砖	新建不协调	一般	部分使用	新建	38	80	一般建筑		
B013	商住	二层	砖构	面砖	新建不协调	完好	部分使用	新建	38	70	一般建筑		
B014	商住	二层	砖构	面砖	新建不协调	完好	完全使用	新建	38	90	一般建筑		
B015	商业	二层	砖构	面砖	新建不协调	一般	完全使用	新建	35	100	一般建筑		
B016	商住	二层	砖构	水泥	新建不协调	一般	部分使用	新建	40	80	一般建筑		
B017	商住	二层	砖构	水泥	新建不协调	一般	部分使用	新建	40	80	一般建筑		
B018	商业	二层	砖混	面砖	新建不协调	完好	完全使用	新建	33	90	一般建筑		
B019	居住	二层	砖构	面砖	新建不协调	完好	完全使用	新建	40	90	一般建筑		
B020	居住	一层	砖构	面砖	新建不协调	一般	部分使用	新建	43	80	一般建筑		
B021	闲置	一层	砖构	面砖	新建不协调	一般	部分使用	新建	40	80	一般建筑		
B022	闲置	一层	砖构	水泥	新建不协调	一般	部分使用	新中国成立初期	48	80	一般建筑		
B023	居住	二层	砖构	水泥	新建不协调	一般	完全使用	新建	43	100	一般建筑		
B024	居住	三层	砖构	面砖	新建不协调	完好	完全使用	新建	38	90	一般建筑		
B025	居住	二层	砖构	面砖	新建不协调	完好	完全使用	新建	40	90	一般建筑		
B026	居住	三层	砖构	面砖	新建不协调	完好	完全使用	新建	38	90	一般建筑		

续　表

建筑编号	建筑功能	建筑高度	建筑结构	建筑材料	艺术价值	建筑质量	使用状况	建筑年代	历史风貌评估	健康状况评估	建筑类型	所属区划	保护措施
B027	居住	二层	砖构	红砖	新建不协调	完好	完全使用	新建	43	90	一般建筑		
B028	居住	二层	砖构	面砖	新建不协调	完好	完全使用	新建	40	90	一般建筑		
B029	居住	二层	砖构	面砖	新建不协调	完好	完全使用	新建	40	90	一般建筑		
B030	居住	二层	砖构	面砖	新建不协调	完好	完全使用	新建	40	90	一般建筑		
B031	居住	二层	砖构	面砖	新建不协调	完好	完全使用	新建	40	90	一般建筑		
B032	居住	三层	砖构	面砖	新建不协调	完好	部分使用	新建	38	70	一般建筑		
B033	居住	二层	砖构	面砖	新建不协调	完好	完全使用	新建	40	90	一般建筑		
B034	居住	二层	砖构	水泥	新建不协调	一般	部分使用	新建	43	80	一般建筑		
B035	居住	三层	砖构	面砖	新建不协调	一般	部分使用	新建	38	80	一般建筑		
B036	居住	二层	砖构	面砖	新建不协调	完好	完全使用	新建	40	90	一般建筑		
B037	居住	二层	砖构	水泥	新建不协调	一般	部分使用	新建	43	80	一般建筑		
B038	居住	二层	砖构	面砖	新建不协调	完好	完全使用	新建	40	90	一般建筑		
B039	居住	二层	砖构	水泥	新建不协调	一般	部分使用	新建	43	80	一般建筑		
B040	居住	一层	砖构	水泥	新建不协调	一般	部分使用	新中国成立初期	50	80	一般建筑		
B041	居住	二层	砖构	水泥	新建不协调	一般	部分使用	新建	43	80	一般建筑		
B042	仓储	一层	砖构	青砖	新建协调	一般	部分使用	新建	50	80	一般建筑		
B043	闲置	一层	砖构	红砖	新建不协调	危房	部分使用	新建	43	50	一般建筑		
B044	闲置	一层	砖构	红砖	新建不协调	一般	部分使用	新建	43	80	一般建筑		

续 表

建筑编号	建筑功能	建筑高度	建筑结构	建筑材料	艺术价值	建筑质量	使用状况	建筑年代	历史风貌评估	健康状况评估	建筑类型	所属区划	保护措施
B045	居住	二层	砖构	水泥	新建不协调	一般	部分使用	新建	43	80	一般建筑		
B046	居住	一层	砖构	水泥	新建不协调	一般	部分使用	新建	45	80	一般建筑		
B047	其他	三层	砖混	红砖	新建不协调	一般	闲置	新建	30	60	一般建筑		
B048	其他	四层	砖混	红砖	新建不协调	一般	闲置	新建	28	60	一般建筑		
B049	商住	二层	砖构	水泥	新建不协调	一般	部分使用	新中国成立初期	45	80	一般建筑		
B050	居住	一层	砖构	水泥	新建不协调	一般	部分使用	新中国成立初期	50	80	一般建筑		
B051	其他	一层	砖构	面砖	新建不协调	一般	部分使用	新建	35	80	一般建筑		
B052	商住	二层	砖构	面砖	新建不协调	完好	完全使用	新建	38	90	一般建筑		
B053	商住	二层	砖构	面砖	新建不协调	完好	完全使用	新建	38	90	一般建筑		
B054	商业	一层	砖构	水泥	新建不协调	一般	部分使用	新中国成立初期	45	80	一般建筑		
B055	居住	二层	砖构	面砖	新建不协调	完好	完全使用	新建	40	90	一般建筑		
B056	居住	二层	砖构	面砖	新建不协调	完好	完全使用	新建	40	90	一般建筑		
B057	居住	二层	砖构	面砖	新建不协调	完好	完全使用	新建	40	90	一般建筑		
B058	居住	三层	砖构	面砖	新建不协调	完好	完全使用	新建	38	90	一般建筑		
B059	居住	二层	砖构	面砖	新建不协调	完好	完全使用	新建	40	90	一般建筑		
B060	居住	二层	砖构	面砖	新建不协调	完好	完全使用	新建	40	90	一般建筑		
B061	居住	二层	砖构	面砖	新建不协调	一般	完全使用	新建	40	100	一般建筑		
B062	居住	二层	砖构	面砖	新建不协调	完好	完全使用	新建	40	90	一般建筑		

续　表

建筑编号	建筑功能	建筑高度	建筑结构	建筑材料	艺术价值	建筑质量	使用状况	建筑年代	历史风貌评估	健康状况评估	建筑类型	所属区划	保护措施
B063	居住	二层	砖构	水泥	新建不协调	完好	完全使用	新建	43	90	一般建筑		
B064	居住	三层	砖构	面砖	新建不协调	完好	完全使用	新建	38	90	一般建筑		
B065	居住	二层	砖构	面砖	新建不协调	完好	完全使用	新建	40	90	一般建筑		
B066	居住	二层	砖构	水泥	新建不协调	完好	完全使用	新建	43	90	一般建筑		
B067	居住	二层	砖构	面砖	新建不协调	完好	完全使用	新建	40	90	一般建筑		
B068	居住	二层	砖构	面砖	新建不协调	完好	完全使用	新建	40	90	一般建筑		
B069	居住	二层	砖构	面砖	新建不协调	完好	完全使用	新建	40	90	一般建筑		
B070	居住	二层	砖构	面砖	新建不协调	完好	部分使用	新建	40	70	一般建筑		
B071	商业	二层	砖构	面砖	新建不协调	完好	完全使用	新建	35	90	一般建筑		
B072	商业	三层	砖构	涂料	新建协调	一般	完全使用	新建	35	100	一般建筑		
B073	商业	一层	砖构	水泥	新建协调	一般	完全使用	新中国成立初期	50	100	一般建筑		
B074	商业	一层	砖构	水泥	新建不协调	一般	完全使用	新中国成立初期	45	100	一般建筑		
B075	商业	一层	砖构	水泥	新建不协调	一般	完全使用	新中国成立初期	45	100	一般建筑		
B076	商业	一层	砖构	涂料	新建不协调	一般	部分使用	新中国成立初期	45	80	一般建筑		
B077	商业	二层	砖构	水泥	新建不协调	一般	完全使用	新中国成立初期	43	100	一般建筑		
B078	商业	二层	砖构	面砖	新建协调	完好	完全使用	新建	35	90	一般建筑		
B079	文教	二层	砖构	红砖	新建协调	一般	完全使用	新建	43	100	一般建筑		
B080	文教	二层	砖构	红砖	新建不协调	一般	完全使用	新建	38	100	一般建筑		

续 表

建筑编号	建筑功能	建筑高度	建筑结构	建筑材料	艺术价值	建筑质量	使用状况	建筑年代	历史风貌评估	健康状况评估	建筑类型	所属区划	保护措施
B081	文教	三层	砖构	面砖	新建不协调	完好	完全使用	新建	33	90	一般建筑		
B082	居住	二层	砖构	涂料	新建不协调	一般	完全使用	新建	43	100	一般建筑		
B083	商业	二层	砖构	涂料	新建不协调	一般	部分使用	新建	38	80	一般建筑	一类建控地带	拆迁
B084	商住	三层	砖构	面砖	新建不协调	完好	部分使用	新建	35	70	一般建筑	一类建控地带	拆迁
B085	居住	三层	砖构	面砖	新建不协调	完好	完全使用	新建	38	90	一般建筑	一类建控地带	拆迁
B086	居住	二层	木构	木	古老	危房	部分使用	民国	85	50	历史建筑	一类建控地带	现状维护
B087	居住	二层	砖构	水泥	新建不协调	一般	部分使用	新建	43	80	一般建筑	一类建控地带	建筑改造
B088	居住	二层	砖构	面砖	新建不协调	一般	完全使用	新建	40	100	一般建筑	一类建控地带	拆迁
B089	居住	一层	砖木	土坯	新建协调	一般	部分使用	新中国成立初期	63	80	一般建筑	一类建控地带	建筑改造
B090	居住	二层	砖木	红砖	新建协调	一般	完全使用	新中国成立初期	55	100	一般建筑	一类建控地带	建筑改造
B091	居住	二层	砖构	面砖	新建不协调	完好	完全使用	新建	40	90	一般建筑	一类建控地带	拆迁
B092	居住	二层	砖构	面砖	新建不协调	一般	完全使用	新建	40	100	一般建筑		
B093	居住	二层	砖构	面砖	新建不协调	完好	完全使用	新建	40	90	一般建筑		
B094	居住	二层	砖构	面砖	新建不协调	完好	完全使用	新建	40	90	一般建筑	一类建控地带	拆迁
B095	居住	二层	砖构	面砖	新建不协调	完好	完全使用	新建	40	90	一般建筑	一类建控地带	拆迁
B096	居住	二层	砖构	面砖	新建不协调	一般	完全使用	新建	40	100	一般建筑		限高
B097	居住	二层	砖木	木	古老	危房	部分使用	民国	83	50	历史建筑	一类建控地带	现状维护
B098	居住	二层	砖木	土坯	新建协调	一般	完全使用	民国	70	100	历史建筑	一类建控地带	现状维护

续　表

建筑编号	建筑功能	建筑高度	建筑结构	建筑材料	艺术价值	建筑质量	使用状况	建筑年代	历史风貌评估	健康状况评估	建筑类型	所属区划	保护措施
B099	居住	三层	砖构	红砖	新建不协调	一般	闲置	新建	43	60	一般建筑		
B100	居住	三层	砖构	红砖	新建不协调	一般	闲置	新建	43	60	一般建筑		
B101	居住	三层	砖构	面砖	新建不协调	一般	完全使用	新建	38	100	一般建筑		
B102	居住	一层	砖构	涂料	新建不协调	一般	完全使用	新建	45	100	一般建筑		
B103	居住	一层	砖木	红砖	新建协调	完好	完全使用	新中国成立初期	58	90	一般建筑	一类建控地带	建筑改造
B104	商住	二层	砖混	面砖	新建不协调	完好	部分使用	新建	35	70	一般建筑	一类建控地带	拆迁
B105	商住	三层	砖混	面砖	新建不协调	完好	完全使用	新建	35	90	一般建筑	一类建控地带	拆迁
B106	居住	二层	砖构	水泥	新建不协调	一般	完全使用	新建	43	100	一般建筑	一类建控地带	建筑改造
B107	商住	三层	砖构	面砖	新建不协调	完好	完全使用	新建	35	90	一般建筑	一类建控地带	拆迁
B108	商住	二层	砖混	面砖	新建不协调	一般	部分使用	新建	35	80	一般建筑		
B109	商住	三层	砖混	面砖	新建不协调	完好	部分使用	新建	33	70	一般建筑		
B110	居住	二层	砖构	红砖	新建不协调	一般	完全使用	新建	43	100	一般建筑		
B111	商住	三层	砖混	面砖	新建不协调	完好	部分使用	新建	33	70	一般建筑		
B112	商住	三层	砖混	面砖	新建不协调	完好	完全使用	新建	33	70	一般建筑		
B113	居住	二层	砖构	红砖	新建不协调	一般	完全使用	新建	43	100	一般建筑		
B114	文教	一层	砖构	涂料	新建不协调	完好	完全使用	新建	40	90	一般建筑		
B115	文教	一层	砖构	水泥	新建不协调	一般	部分使用	新建	40	80	一般建筑		
B116	文教	三层	砖构	涂料	新建不协调	完好	完全使用	新建	35	90	一般建筑		

续 表

建筑编号	建筑功能	建筑高度	建筑结构	建筑材料	艺术价值	建筑质量	使用状况	建筑年代	历史风貌评估	健康状况评估	建筑类型	所属区划	保护措施
B117	文教	三层	砖构	涂料	新建不协调	一般	完全使用	新建	35	100	一般建筑		
B118	文教	一层	砖构	青砖	古老	一般	完全使用	新中国成立初期	63	100	一般建筑		
B119	闲置	一层	砖构	红砖	新建不协调	危房	部分使用	新中国成立初期	48	50	一般建筑		
B120	文教	一层	砖构	青砖	新建不协调	一般	完全使用	新中国成立初期	48	100	一般建筑		
B121	闲置	一层	砖构	红砖	新建不协调	危房	部分使用	新中国成立初期	48	50	一般建筑		
B122	居住	二层	砖构	涂料	新建不协调	一般	闲置	新建	43	60	一般建筑		
B123	仓储	一层	砖构	红砖	新建不协调	危房	部分使用	新中国成立初期	48	50	一般建筑		
B124	居住	二层	砖构	红砖	新建不协调	一般	闲置	新建	43	60	一般建筑		
B125	文教	三层	砖构	涂料	新建不协调	完好	完全使用	新建	35	90	一般建筑		
B126	商住	三层	砖构	面砖	新建不协调	完好	完全使用	新建	35	90	一般建筑	一类建控地带	拆迁
B127	商住	三层	砖构	面砖	新建不协调	完好	完全使用	新建	35	90	一般建筑	一类建控地带	拆迁
B128	商业	一层	砖木	青砖	新建不协调	危房	完全使用	新中国成立初期	55	70	一般建筑	一类建控地带	建筑改造
B129	商业	一层	砖木	青砖	新建协调	一般	部分使用	新建	50	80	一般建筑	一类建控地带	建筑改造
B130	居住	一层	砖木	红砖	新建协调	一般	完全使用	新中国成立初期	58	100	一般建筑	一类建控地带	建筑改造
B131	居住	一层	砖构	红砖	新建协调	一般	完全使用	新中国成立初期	55	100	一般建筑	一类建控地带	建筑改造
B132	居住	二层	砖构	红砖	新建不协调	一般	完全使用	新建	43	100	一般建筑	一类建控地带	建筑改造
B133	居住	二层	砖构	红砖	新建不协调	一般	部分使用	新建	43	80	一般建筑	一类建控地带	建筑改造
B134	居住	一层	砖木	土坯	新建不协调	一般	部分使用	新建	53	80	一般建筑	一类建控地带	建筑改造

续　表

建筑编号	建筑功能	建筑高度	建筑结构	建筑材料	艺术价值	建筑质量	使用状况	建筑年代	历史风貌评估	健康状况评估	建筑类型	所属区划	保护措施
B135	商业	一层	砖木	青砖	新建协调	完好	完全使用	新建	50	90	一般建筑	一类建控地带	建筑改造
B136	居住	二层	砖构	红砖	新建不协调	一般	完全使用	新建	43	100	一般建筑	一类建控地带	建筑改造
B137	商业	一层	砖构	涂料	新建不协调	一般	完全使用	新建	40	100	一般建筑	一类建控地带	建筑改造
B138	居住	二层	砖构	水泥	新建不协调	一般	完全使用	新建	43	100	一般建筑	一类建控地带	建筑改造
B139	商业	二层	砖构	水泥	新建不协调	一般	完全使用	新建	38	100	一般建筑	一类建控地带	拆迁
B140	居住	一层	砖木	红砖	新建协调	一般	完全使用	新中国成立初期	58	100	一般建筑	一类建控地带	建筑改造
B141	其他	一层	砖构	红砖	新建不协调	一般	完全使用	新中国成立初期	48	100	一般建筑	一类建控地带	建筑改造
B142	商业	二层	砖构	面砖	新建不协调	一般	完全使用	新建	35	100	一般建筑	一类建控地带	拆迁
B143	商业	一层	砖构	面砖	新建不协调	一般	完全使用	新建	38	100	一般建筑	一类建控地带	拆迁
B144	商业	二层	砖木	面砖	新建不协调	完好	完全使用	新建	35	90	一般建筑	一类建控地带	拆迁
B145	商业	三层	砖构	面砖	新建不协调	完好	完全使用	新建	33	90	一般建筑	一类建控地带	拆迁
B146	居住	二层	砖构	红砖	新建不协调	一般	完全使用	新建	43	100	一般建筑	一类建控地带	建筑改造
B147	居住	三层	砖构	红砖	新建不协调	一般	完全使用	新建	40	100	一般建筑	一类建控地带	拆迁
B148	居住	一层	砖木	红砖	新建协调	一般	部分使用	新中国成立初期	58	80	一般建筑	一类建控地带	建筑改造
B149	居住	一层	砖木	红砖	新建协调	危房	完全使用	新中国成立初期	58	70	一般建筑	一类建控地带	建筑改造
B150	居住	二层	砖木	木	新建协调	一般	完全使用	民国	73	100	历史建筑	一类建控地带	现状维护
B151	居住	一层	砖木	红砖	新建协调	一般	完全使用	新中国成立初期	58	100	一般建筑	一类建控地带	建筑改造
B152	居住	二层	砖构	水泥	新建不协调	一般	部分使用	新建	43	80	一般建筑	一类建控地带	建筑改造

续 表

建筑编号	建筑功能	建筑高度	建筑结构	建筑材料	艺术价值	建筑质量	使用状况	建筑年代	历史风貌评估	健康状况评估	建筑类型	所属区划	保护措施
B153	仓储	一层	砖木	红砖	新建协调	危房	部分使用	新中国成立初期	55	50	一般建筑	一类建控地带	建筑改造
B154	居住	一层	砖木	红砖	新建不协调	一般	部分使用	新建	48	80	一般建筑	一类建控地带	建筑改造
B155	居住	三层	砖构	面砖	新建不协调	完好	完全使用	新建	38	90	一般建筑	一类建控地带	拆迁
B156	商业	二层	砖构	水泥	新建不协调	一般	完全使用	新建	38	100	一般建筑	一类建控地带	拆迁
B157	商业	二层	砖构	水泥	新建不协调	一般	完全使用	新建	38	100	一般建筑	一类建控地带	拆迁
B158	商业	三层	砖构	面砖	新建不协调	完好	完全使用	新建	33	90	一般建筑	一类建控地带	拆迁
B159	商业	二层	砖构	面砖	新建不协调	一般	完全使用	新建	35	100	一般建筑	一类建控地带	拆迁
B160	居住	一层	砖木	土坯	新建协调	危房	部分使用	民国	73	50	历史建筑	一类建控地带	现状维护
B161	居住	二层	砖构	水泥	新建不协调	一般	完全使用	新中国成立初期	48	100	一般建筑	一类建控地带	建筑改造
B162	居住	一层	砖木	土坯	新建不协调	一般	部分使用	新中国成立初期	63	80	一般建筑	一类建控地带	建筑改造
B163	居住	一层	砖木	红砖	新建不协调	一般	部分使用	新中国成立初期	53	80	一般建筑	一类建控地带	建筑改造
B164	居住	一层	砖木	红砖	新建不协调	一般	完全使用	新中国成立初期	53	80	一般建筑	一类建控地带	建筑改造
B165	居住	一层	砖木	红砖	新建协调	一般	部分使用	新中国成立初期	58	100	一般建筑	一类建控地带	建筑改造
B166	仓储	一层	砖木	土坯	新建协调	一般	完全使用	新中国成立初期	60	80	一般建筑	一类建控地带	建筑改造
B167	居住	二层	砖构	面砖	古老	完好	完全使用	民国	83	100	历史建筑	一类建控地带	现状维护
B168	居住	二层	砖木	土坯	新建不协调	危房	部分使用	新建	40	90	一般建筑	一类建控地带	拆迁
B169	居住	一层	砖木	土坯	新建协调	危房	部分使用	新中国成立初期	63	50	一般建筑	一类建控地带	建筑改造
B170	居住	一层	砖木	红砖	新建协调	一般	部分使用	新中国成立初期	58	80	一般建筑	一类建控地带	建筑改造

续　表

建筑编号	建筑功能	建筑高度	建筑结构	建筑材料	艺术价值	建筑质量	使用状况	建筑年代	历史风貌评估	健康状况评估	建筑类型	所属区划	保护措施
B171	居住	二层	砖构	面砖	新建不协调	完好	完全使用	新中国成立初期	45	90	一般建筑	一类建控地带	建筑改造
B172	居住	二层	砖构	面砖	新建不协调	完好	完全使用	新中国成立初期	45	90	一般建筑	一类建控地带	建筑改造
B173	居住	二层	砖构	红砖	新建不协调	一般	完全使用	新中国成立初期	48	100	一般建筑	一类建控地带	建筑改造
B174	商业	三层	砖构	面砖	新建不协调	完好	部分使用	新建	35	70	一般建筑	一类建控地带	拆迁
B175	商住	三层	砖构	面砖	新建不协调	完好	部分使用	新建	35	70	一般建筑	一类建控地带	拆迁
B176	商住	三层	砖构	面砖	新建协调	完好	部分使用	新建	40	70	一般建筑	一类建控地带	拆迁
C001	商业	三层	砖混	面砖	新建不协调	完好	完全使用	新建	30	90	一般建筑	一类建控地带	拆迁
C002	商业	二层	砖构	面砖	新建不协调	一般	完全使用	新建	35	100	一般建筑	一类建控地带	拆迁
C003	商业	三层	砖混	面砖	新建不协调	完好	完全使用	新建	30	90	一般建筑	一类建控地带	拆迁
C004	居住	三层	砖构	面砖	新建不协调	一般	完全使用	新建	38	100	一般建筑	一类建控地带	拆迁
C005	商业	二层	砖构	水泥	新建不协调	完好	部分使用	新建	38	70	一般建筑	一类建控地带	拆迁
C006	商业	二层	砖混	面砖	新建不协调	完好	完全使用	新建	33	90	一般建筑	保护区	拆除重建
C007	商业	二层	砖混	面砖	新建不协调	完好	完全使用	新建	33	90	一般建筑	保护区	拆除重建
C008	商业	二层	砖混	面砖	新建不协调	完好	完全使用	新建	33	90	一般建筑	保护区	拆除重建
C009	居住	二层	砖木	青砖	古老	危房	闲置	民国	78	30	历史建筑	保护区	拆除重建
C010	居住	二层	砖木	面砖	新建不协调	一般	部分使用	新建	40	80	一般建筑	保护区	拆除重建
C011	闲置	一层	砖构	青砖	古老	一般	闲置	新中国成立初期	65	60	一般建筑	保护区	风貌修缮
C012	闲置	一层	砖构	红砖	新建不协调	一般	闲置	新中国成立初期	48	60	一般建筑	保护区	风貌修缮

续　表

建筑编号	建筑功能	建筑高度	建筑结构	建筑材料	艺术价值	建筑质量	使用状况	建筑年代	历史风貌评估	健康状况评估	建筑类型	所属区划	保护措施
C013	仓储	一层	砖木	土坯	新建协调	一般	完全使用	新中国成立初期	60	100	一般建筑	保护区	风貌修缮
C014	其他	二层	砖构	涂料	新建协调	一般	闲置	新中国成立初期	45	60	一般建筑	保护区	风貌修缮
C015	居住	二层	砖木	木	古老	一般	部分使用	民国	83	80	历史建筑	保护区	现状维护
C016	居住	二层	砖木	木	古老	一般	部分使用	民国	83	80	历史建筑	保护区	现状维护
C017	居住	二层	砖木	木	古老	一般	完全使用	民国	83	100	历史建筑	保护区	现状维护
C018	仓储	一层	砖构	青砖	新建协调	危房	部分使用	新中国成立初期	58	50	一般建筑	保护区	风貌修缮
C019	居住	二层	砖构	面砖	新建不协调	完好	完全使用	新建	40	90	一般建筑	保护区	拆除重建
C020	居住	一层	砖木	木	古老	一般	完全使用	民国	85	100	历史建筑	保护区	现状维护
C021	居住	二层	砖木	木	古老	危房	部分使用	民国	83	50	历史建筑	保护区	现状维护
C022	居住	一层	砖木	面砖	新建不协调	完好	完全使用	新建	40	90	一般建筑	保护区	拆除重建
C023	居住	二层	砖木	木	古老	一般	部分使用	民国	83	80	历史建筑	保护区	现状维护
C024	居住	二层	砖构	水泥	新建不协调	一般	部分使用	新建	43	80	一般建筑	保护区	风貌修缮
C025	居住	一层	砖木	青砖	新建协调	一般	部分使用	民国	70	80	历史建筑	保护区	风貌修缮
C026	居住	一层	砖木	木	古老	一般	部分使用	民国	85	80	历史建筑	保护区	现状维护
C027	居住	二层	砖木	木	古老	完好	完全使用	民国	83	90	历史建筑	保护区	现状维护
C028	居住	二层	砖构	面砖	新建不协调	完好	完全使用	新建	40	90	一般建筑	保护区	拆除重建
C029	商业	二层	砖混	面砖	新建不协调	完好	部分使用	新建	33	70	一般建筑	一类建控地带	拆迁
C030	居住	二层	砖构	面砖	新建不协调	完好	完全使用	新建	40	90	一般建筑	保护区	拆除重建

续表

建筑编号	建筑功能	建筑高度	建筑结构	建筑材料	艺术价值	建筑质量	使用状况	建筑年代	历史风貌评估	健康状况评估	建筑类型	所属区划	保护措施
C031	居住	二层	砖构	红砖	新建不协调	一般	完全使用	新建	43	100	一般建筑	一类建控地带	建筑改造
C032	居住	三层	砖构	红砖	新建不协调	完好	完全使用	新建	40	90	一般建筑	一类建控地带	拆迁
C033	居住	二层	砖木	青砖	新建不协调	一般	完全使用	新建	48	100	一般建筑	一类建控地带	建筑改造
C034	居住	三层	砖构	红砖	新建不协调	完好	部分使用	新建	40	70	一般建筑	一类建控地带	拆迁
C035	居住	二层	砖构	水泥	新建不协调	一般	完全使用	新建	43	100	一般建筑	一类建控地带	建筑改造
C036	仓储	一层	砖构	红砖	新建协调	完好	完全使用	新建	48	90	一般建筑	一类建控地带	建筑改造
C037	居住	二层	砖构	面砖	古老	一般	部分使用	新建	55	80	一般建筑	一类建控地带	建筑改造
C038	居住	二层	砖构	面砖	新建协调	完好	完全使用	新建	40	90	一般建筑	一类建控地带	拆迁
C039	居住	一层	砖构	红砖	新建协调	一般	完全使用	新中国成立初期	55	100	一般建筑	保护区	风貌修缮
C040	居住	三层	砖构	红砖	新建不协调	一般	完全使用	新中国成立初期	45	100	一般建筑	保护区	风貌修缮
C041	居住	二层	砖木	青砖	古老	完好	部分使用	民国	78	70	历史建筑	保护区	现状维护
C042	仓储	一层	砖构	红砖	新建协调	完好	完全使用	新建	48	90	一般建筑	一类建控地带	建筑改造
C043	居住	四层	砖构	红砖	新建不协调	一般	完全使用	新中国成立初期	43	100	一般建筑	保护区	风貌修缮
C044	仓储	一层	砖木	木	新建协调	一般	部分使用	新中国成立初期	63	80	一般建筑	保护区	现状维护
C045	居住	一层	砖木	木	古老	一般	部分使用	民国	85	80	历史建筑	保护区	风貌修缮
C046	居住	二层	砖木	红砖	新建协调	一般	部分使用	新中国成立初期	55	80	一般建筑	保护区	风貌修缮
C047	仓储	一层	砖木	土坯	新建协调	危房	部分使用	新中国成立初期	60	50	一般建筑	保护区	风貌修缮
C048	商业	二层	砖混	面砖	新建不协调	完好	完全使用	新建	33	90	一般建筑	一类建控地带	拆迁

续 表

建筑编号	建筑功能	建筑高度	建筑结构	建筑材料	艺术价值	建筑质量	使用状况	建筑年代	历史风貌评估	健康状况评估	建筑类型	所属区划	保护措施
C049	商业	二层	砖混	面砖	新建不协调	完好	完全使用	新建	33	90	一般建筑	一类建控地带	拆迁
C050	商业	三层	砖混	水泥	新建不协调	完好	完全使用	新建	33	90	一般建筑	一类建控地带	拆迁
C051	商业	二层	砖混	面砖	新建不协调	完好	完全使用	新建	33	90	一般建筑	一类建控地带	拆迁
C052	旅馆	三层	砖混	玻璃	新建不协调	完好	完全使用	新建	30	90	一般建筑	一类建控地带	拆迁
C053	商业	二层	砖构	面砖	新建不协调	完好	完全使用	新建	35	90	一般建筑	一类建控地带	拆迁
C054	商业	二层	砖混	面砖	新建不协调	完好	完全使用	新建	33	90	一般建筑	一类建控地带	拆迁
C055	商业	二层	砖混	面砖	新建不协调	完好	完全使用	新建	33	90	一般建筑	一类建控地带	拆迁
C056	商业	二层	砖混	面砖	新建不协调	完好	部分使用	新建	33	70	一般建筑	保护区	拆除重建
C057	商业	二层	砖混	面砖	新建不协调	完好	部分使用	新建	33	70	一般建筑	保护区	拆除重建
C058	居住	二层	砖木	木	古老美观	一般	完全使用	民国	88	100	历史建筑	保护区	现状维护
C059	商业	二层	砖混	面砖	新建不协调	完好	完全使用	新建	33	90	一般建筑	保护区	拆除重建
C060	商业	二层	砖混	面砖	新建不协调	完好	完全使用	新建	33	90	一般建筑	保护区	拆除重建
C061	居住	一层	砖木	青砖	古老	危房	部分使用	新中国成立初期	70	50	一般建筑	保护区	风貌修缮
C062	居住	二层	木构	木	古老美观	危房	完全使用	民国	90	70	历史建筑	保护区	现状维护
C063	居住	二层	木构	木	古老美观	一般	完全使用	民国	90	100	历史建筑	保护区	现状维护
C064	居住	二层	木构	木	古老美观	完好	完全使用	民国	90	90	历史建筑	保护区	现状维护
C065	商业	二层	砖混	面砖	新建不协调	完好	完全使用	新建	33	90	一般建筑	一类建控地带	拆迁
C066	商业	二层	砖构	水泥	新建不协调	完好	完全使用	新建	38	90	一般建筑	一类建控地带	拆迁

续　表

建筑编号	建筑功能	建筑高度	建筑结构	建筑材料	艺术价值	建筑质量	使用状况	建筑年代	历史风貌评估	健康状况评估	建筑类型	所属区划	保护措施
C067	商业	二层	砖混	面砖	新建不协调	完好	部分使用	新建	33	70	一般建筑	一类建控地带	拆迁
C068	居住	二层	砖混	面砖	新建不协调	完好	完全使用	新建	38	90	一般建筑	一类建控地带	拆迁
C069	居住	一层	砖木	青砖	古老	危房	部分使用	民国	80	50	历史建筑	保护区	现状维护
C070	居住	二层	砖木	木	古老	一般	部分使用	民国	83	80	历史建筑	保护区	现状维护
C071	居住	二层	砖木	木	古老	一般	完全使用	民国	83	100	历史建筑	保护区	现状维护
C072	居住	二层	砖木	木	古老美观	完好	完全使用	民国	88	90	历史建筑	保护区	风貌修缮
C073	居住	一层	砖木	青砖	新建协调	危房	完全使用	新中国成立初期	60	70	一般建筑	保护区	风貌修缮
C074	居住	一层	砖木	青砖	新建协调	危房	完全使用	新中国成立初期	60	70	一般建筑	保护区	现状维护
C075	居住	一层	砖木	青砖	古老	一般	部分使用	民国	80	80	历史建筑	保护区	现状维护
C076	居住	一层	砖木	青砖	古老	危房	部分使用	民国	80	50	历史建筑	保护区	拆除重建
C077	居住	四层	砖混	面砖	新建不协调	完好	完全使用	新建	33	90	一般建筑	保护区	现状维护
C078	居住	二层	砖木	木	古老美观	完好	完全使用	民国	88	90	历史建筑	保护区	现状维护
C079	居住	二层	砖木	木	古老美观	一般	完全使用	民国	88	100	历史建筑	保护区	现状维护
C080	居住	二层	砖木	木	古老美观	一般	完全使用	民国	88	100	历史建筑	保护区	现状维护
C081	居住	二层	砖木	木	古老	完好	完全使用	民国	88	90	历史建筑	保护区	现状维护
C082	居住	二层	砖构	青砖	古老	一般	完全使用	民国	75	100	历史建筑	保护区	现状维护
C083	居住	二层	砖构	红砖	新建不协调	一般	完全使用	新建	43	100	一般建筑	一类建控地带	建筑改造
C084	居住	一层	砖构	红砖	新建不协调	完好	完全使用	新建	45	90	一般建筑	一类建控地带	建筑改造

续表

建筑编号	建筑功能	建筑高度	建筑结构	建筑材料	艺术价值	建筑质量	使用状况	建筑年代	历史风貌评估	健康状况评估	建筑类型	所属区划	保护措施
C085	居住	二层	砖构	红砖	新建不协调	完好	完全使用	新建	43	90	一般建筑	一类建控地带	建筑改造
C086	居住	一层	砖构	青砖	新建不协调	一般	完全使用	新建	48	100	一般建筑	一类建控地带	建筑改造
C087	商住	一层	砖构	青砖	新建不协调	危房	完全使用	新建	45	70	一般建筑	一类建控地带	建筑改造
C088	商住	一层	砖构	青砖	新建不协调	一般	完全使用	新建	45	100	一般建筑	一类建控地带	建筑改造
C089	居住	二层	砖构	红砖	新建不协调	一般	完全使用	新建	43	100	一般建筑	一类建控地带	建筑改造
C090	居住	一层	砖构	红砖	新建不协调	危房	完全使用	新建	45	70	一般建筑	一类建控地带	建筑改造
C091	居住	一层	砖构	红砖	新建不协调	危房	完全使用	新建	45	70	一般建筑	一类建控地带	建筑改造
C092	居住	二层	砖构	红砖	新建不协调	一般	完全使用	新建	43	100	一般建筑	一类建控地带	建筑改造
C093	居住	一层	砖构	土坯	新建不协调	一般	完全使用	新建	50	100	一般建筑	一类建控地带	建筑改造
C094	居住	一层	砖构	红砖	新建不协调	一般	完全使用	新建	45	100	一般建筑	一类建控地带	建筑改造
C095	居住	二层	砖木	木	新建协调	一般	完全使用	民国	73	100	历史建筑	保护区	现状维护
C096	居住	二层	砖木	木	古老	一般	完全使用	民国	83	100	历史建筑	保护区	现状维护
C097	居住	一层	砖构	红砖	新建不协调	一般	完全使用	新建	45	100	一般建筑	保护区	风貌修缮
C098	居住	二层	砖构	红砖	新建不协调	一般	完全使用	新建	43	100	一般建筑	保护区	风貌修缮
C099	居住	二层	砖构	红砖	新建协调	一般	部分使用	新建	48	80	一般建筑	保护区	风貌修缮
C100	商住	二层	砖构	面砖	新建不协调	完好	完全使用	新建	38	90	一般建筑	一类建控地带	拆迁
C101	居住	二层	砖构	红砖	新建不协调	一般	完全使用	新建	43	100	一般建筑	一类建控地带	建筑改造
C102	居住	二层	砖构	红砖	新建不协调	一般	完全使用	新建	43	100	一般建筑	一类建控地带	建筑改造

续　表

建筑编号	建筑功能	建筑高度	建筑结构	建筑材料	艺术价值	建筑质量	使用状况	建筑年代	历史风貌评估	健康状况评估	建筑类型	所属区划	保护措施
C103	居住	二层	砖构	红砖	新建不协调	一般	完全使用	新建	43	100	一般建筑	一类建控地带	建筑改造
C104	居住	二层	砖构	土坯	新建不协调	一般	完全使用	新建	48	100	一般建筑	一类建控地带	建筑改造
C105	居住	二层	砖构	水泥	新建不协调	完好	完全使用	新建	43	90	一般建筑	保护区	风貌修缮
C106	商住	三层	砖构	面砖	新建不协调	完好	完全使用	新建	35	90	一般建筑	保护区	拆除重建
C107	居住	一层	砖构	红砖	新建不协调	一般	完全使用	新建	45	100	一般建筑	保护区	风貌修缮
C108	居住	二层	砖构	水泥	新建不协调	一般	完全使用	新建	43	100	一般建筑	保护区	风貌修缮
C109	居住	二层	砖构	红砖	新建不协调	一般	完全使用	新建	43	100	一般建筑	一类建控地带	建筑改造
C110	居住	二层	砖构	土坯	新建不协调	一般	完全使用	新建	48	100	一般建筑	一类建控地带	建筑改造
C111	居住	二层	砖构	红砖	新建不协调	一般	完全使用	新建	43	100	一般建筑	一类建控地带	建筑改造
C112	居住	一层	砖构	青砖	新建不协调	一般	完全使用	新建	48	100	一般建筑	一类建控地带	建筑改造
C113	商住	二层	砖构	面砖	新建不协调	完好	完全使用	新建	38	90	一般建筑	一类建控地带	拆迁
C114	商业	一层	砖构	涂料	新建不协调	危房	部分使用	新建	40	50	一般建筑	一类建控地带	拆迁
C115	居住	一层	砖构	青砖	新建不协调	危房	完全使用	新建	48	70	一般建筑	一类建控地带	建筑改造
C116	居住	一层	砖构	青砖	新建不协调	危房	完全使用	新建	48	70	一般建筑	一类建控地带	建筑改造
C117	居住	一层	砖构	涂料	新建不协调	危房	完全使用	新建	45	70	一般建筑	一类建控地带	建筑改造
C118	居住	二层	砖构	涂料	新建不协调	一般	部分使用	新建	43	80	一般建筑	一类建控地带	建筑改造
C119	居住	二层	砖构	红砖	新建不协调	一般	完全使用	新建	43	100	一般建筑	一类建控地带	建筑改造
C120	商住	二层	砖构	水泥	新建不协调	一般	完全使用	新建	40	100	一般建筑	一类建控地带	拆迁

续　表

建筑编号	建筑功能	建筑高度	建筑结构	建筑材料	艺术价值	建筑质量	使用状况	建筑年代	历史风貌评估	健康状况评估	建筑类型	所属区划	保护措施
C121	商住	二层	砖构	面砖	新建不协调	一般	完全使用	新建	38	100	一般建筑	一类建控地带	拆迁
C122	商住	二层	砖构	面砖	新建不协调	一般	完全使用	新建	38	100	一般建筑	一类建控地带	拆迁
C123	居住	三层	砖构	面砖	新建不协调	完好	完全使用	新建	38	90	一般建筑	一类建控地带	拆迁
C124	居住	二层	砖构	面砖	新建不协调	一般	完全使用	新建	40	100	一般建筑	一类建控地带	拆迁
C125	居住	二层	砖混	面砖	新建不协调	完好	完全使用	新建	38	90	一般建筑	保护区	拆除重建
C126	居住	二层	砖混	面砖	新建不协调	完好	完全使用	新建	38	90	一般建筑	保护区	拆除重建
C127	居住	二层	砖构	水泥	新建不协调	一般	完全使用	新建	43	100	一般建筑	保护区	风貌修缮
C128	居住	二层	砖构	红砖	新建不协调	危房	完全使用	新建	43	70	一般建筑	保护区	风貌修缮
C129	居住	一层	砖木	木	古老	危房	完全使用	民国	85	70	历史建筑	保护区	现状维护
C130	居住	二层	砖构	水泥	新建协调	危房	完全使用	新中国成立初期	53	70	一般建筑	保护区	风貌修缮
C131	居住	二层	砖木	木	古老美观	危房	完全使用	民国	88	70	历史建筑	保护区	现状维护
C132	居住	二层	砖木	木	古老	一般	完全使用	民国	83	100	历史建筑	保护区	现状维护
C133	居住	一层	砖构	青砖	新建不协调	一般	完全使用	新中国成立初期	58	100	一般建筑	一类建控地带	建筑改造
C134	居住	三层	砖构	青砖	新建不协调	危房	部分使用	新建	45	50	一般建筑	一类建控地带	建筑改造
C135	居住	二层	砖木	木	新建不协调	一般	完全使用	新建	53	100	一般建筑	保护区	风貌修缮
C136	居住	一层	砖构	青砖	新建不协调	危房	完全使用	新建	48	70	一般建筑	一类建控地带	建筑改造
C137	商住	三层	砖构	面砖	新建不协调	完好	完全使用	新建	35	90	一般建筑	一类建控地带	拆迁
C138	居住	三层	砖构	面砖	新建不协调	完好	完全使用	新建	38	90	一般建筑	保护区	拆除重建

续　表

建筑编号	建筑功能	建筑高度	建筑结构	建筑材料	艺术价值	建筑质量	使用状况	建筑年代	历史风貌评估	健康状况评估	建筑类型	所属区划	保护措施
C139	居住	一层	砖构	红砖	新建不协调	一般	完全使用	新建	45	100	一般建筑	一类建控地带	建筑改造
C140	居住	二层	砖构	水泥	新建协调	一般	完全使用	新中国成立初期	53	100	一般建筑	保护区	风貌修缮
C141	商业	二层	砖混	面砖	新建不协调	危房	闲置	新建	33	30	一般建筑	一类建控地带	拆迁
C142	商业	二层	砖混	面砖	新建不协调	完好	完全使用	新建	33	90	一般建筑	一类建控地带	拆迁
C143	文娱	三层	砖混	面砖	新建不协调	一般	完全使用	新建	30	100	一般建筑	一类建控地带	拆迁
C144	商业	二层	砖混	面砖	新建不协调	完好	完全使用	新建	33	90	一般建筑	一类建控地带	拆迁
C145	文娱	二层	砖混	面砖	新建不协调	一般	完全使用	新中国成立初期	38	100	一般建筑	一类建控地带	拆迁
C146	居住	二层	砖构	水泥	新建不协调	一般	部分使用	新建	43	80	一般建筑	保护区	风貌修缮
C147	居住	二层	砖构	水泥	新建不协调	一般	部分使用	新中国成立初期	48	80	一般建筑	保护区	风貌修缮
C148	居住	二层	砖构	水泥	新建不协调	一般	部分使用	新中国成立初期	48	80	一般建筑	保护区	风貌修缮
C149	居住	三层	砖混	面砖	新建不协调	完好	完全使用	新建	35	90	一般建筑	保护区	拆除重建
C150	作坊	二层	砖构	水泥	古老	危房	完全使用	新中国成立初期	60	70	历史建筑	保护区	风貌修缮
C151	作坊	二层	砖构	涂料	古老	危房	完全使用	新中国成立初期	60	70	历史建筑	保护区	风貌修缮
C152	作坊	二层	砖木	木	古老美观	危房	完全使用	民国	85	70	历史建筑	保护区	现状维护
C153	作坊	二层	砖木	木	古老美观	危房	完全使用	清代	90	70	历史建筑	保护区	现状维护
C154	作坊	二层	砖木	木	古老美观	危房	完全使用	清代	90	70	历史建筑	保护区	现状维护
C155	居住	二层	砖木	木	古老	危房	完全使用	民国	83	70	历史建筑	保护区	现状维护
C156	商住	二层	砖木	木	古老美观	危房	完全使用	清代	90	70	历史建筑	保护区	现状维护

续　表

建筑编号	建筑功能	建筑高度	建筑结构	建筑材料	艺术价值	建筑质量	使用状况	建筑年代	历史风貌评估	健康状况评估	建筑类型	所属区划	保护措施
C157	居住	二层	砖混	面砖	新建不协调	一般	完全使用	新建	38	100	一般建筑	保护区	拆除重建
C158	居住	二层	砖构	红砖	新建不协调	一般	完全使用	新建	43	100	一般建筑	一类建控地带	建筑改造
C159	居住	二层	砖构	红砖	新建不协调	一般	完全使用	新建	43	100	一般建筑	一类建控地带	建筑改造
C160	居住	二层	砖构	红砖	新建不协调	一般	完全使用	新建	43	100	一般建筑	一类建控地带	建筑改造
C161	商业	一层	砖构	红砖	新建不协调	一般	部分使用	新建	40	100	一般建筑	一类建控地带	建筑改造
C162	居住	一层	砖构	红砖	新建不协调	一般	部分使用	新中国成立初期	50	80	一般建筑	一类建控地带	建筑改造
C163	其他	一层	砖构	红砖	新建不协调	危房	部分使用	新建	38	50	一般建筑	一类建控地带	拆迁
D001	居住	三层	砖构	面砖	新建不协调	一般	部分使用	新建	38	80	一般建筑	保护区	拆除重建
D002	居住	三层	砖构	红砖	新建不协调	一般	部分使用	新建	40	80	一般建筑	保护区	拆除重建
D003	商住	三层	砖构	红砖	新建不协调	一般	部分使用	新建	38	80	一般建筑	保护区	拆除重建
D004	居住	二层	砖构	水泥	新建不协调	一般	部分使用	新建	43	80	一般建筑	保护区	风貌修缮
D005	居住	二层	砖木	红砖	古老	一般	完全使用	民国	75	100	历史建筑	保护区	现状维护
D006	居住	一层	砖木	青砖	古老	危房	完全使用	民国	80	70	历史建筑	保护区	现状维护
D007	居住	一层	砖构	青砖	古老	坍塌	闲置	新中国成立初期	68	20	一般建筑	保护区	风貌修缮
D008	居住	一层	砖木	土坯	新建协调	一般	完全使用	新中国成立初期	63	100	一般建筑	保护区	风貌修缮
D009	居住	二层	砖构	木	古老美观	一般	部分使用	民国	85	80	历史建筑	保护区	现状维护
D010	居住	二层	砖构	水泥	新建不协调	一般	完全使用	新建	43	100	一般建筑	保护区	风貌修缮
D011	居住	二层	砖构	面砖	新建不协调	完好	完全使用	新建	40	90	一般建筑	保护区	拆除重建

续　表

建筑编号	建筑功能	建筑高度	建筑结构	建筑材料	艺术价值	建筑质量	使用状况	建筑年代	历史风貌评估	健康状况评估	建筑类型	所属区划	保护措施
D012	居住	二层	木构	木	古老美观	一般	闲置	民国	90	60	历史建筑	保护区	现状维护
D013	其他	一层	砖木	土坯	古老	危房	部分使用	民国	75	50	历史建筑	保护区	现状维护
D014	居住	三层	砖构	面砖	新建不协调	完好	完全使用	新建	38	90	一般建筑	保护区	拆除重建
D015	居住	二层	砖木	青砖	古老	危房	部分使用	民国	78	50	历史建筑	保护区	现状维护
D016	居住	二层	砖构	面砖	新建不协调	完好	完全使用	新建	40	90	一般建筑	保护区	拆除重建
D017	居住	二层	砖木	木	新建协调	完好	完全使用	新中国成立初期	63	90	一般建筑	保护区	风貌修缮
D018	居住	一层	砖木	青砖	古老	一般	部分使用	民国	80	80	历史建筑	保护区	现状维护
D019	居住	二层	砖木	木	古老美观	危房	完全使用	民国	88	70	历史建筑	保护区	现状维护
D020	居住	二层	砖木	木	古老	危房	完全使用	民国	83	70	历史建筑	保护区	现状维护
D021	居住	二层	砖构	木	古老	危房	完全使用	民国	83	70	历史建筑	保护区	现状维护
D022	居住	二层	砖构	面砖	新建协调	完好	完全使用	新建	45	90	一般建筑	保护区	风貌修缮
D023	居住	二层	砖构	面砖	新建不协调	完好	完全使用	新建	40	90	一般建筑	保护区	拆除重建
D024	居住	二层	砖木	木	古老美观	危房	完全使用	清代	93	70	历史建筑	保护区	现状维护
D025	居住	二层	木构	木	古老美观	完好	完全使用	清代	95	90	历史建筑	保护区	现状维护
D026	居住	三层	砖混	面砖	新建不协调	完好	完全使用	新建	35	90	一般建筑	保护区	拆除重建
D027	居住	二层	砖木	木	古老美观	一般	部分使用	清代	93	80	历史建筑	保护区	现状维护
D028	居住	二层	砖木	木	古老	一般	部分使用	民国	83	80	历史建筑	保护区	现状维护
D029	居住	三层	砖构	面砖	新建不协调	完好	完全使用	新建	38	90	一般建筑	保护区	拆除重建

续　表

建筑编号	建筑功能	建筑高度	建筑结构	建筑材料	艺术价值	建筑质量	使用状况	建筑年代	历史风貌评估	健康状况评估	建筑类型	所属区划	保护措施
D030	居住	二层	砖构	面砖	新建不协调	完好	完全使用	新建	40	90	一般建筑	保护区	拆除重建
D031	居住	二层	木构	木	古老	危房	部分使用	民国	85	50	历史建筑	保护区	现状维护
D032	居住	二层	砖木	木	古老美观	一般	完全使用	清代	93	100	历史建筑	保护区	现状维护
D033	古迹	二层	砖构	涂料	古老	危房	闲置	民国	75	30	历史建筑	保护区	现状维护
D034	居住	二层	砖构	水泥	新建不协调	一般	完全使用	新中国成立初期	53	100	一般建筑	保护区	风貌修缮
D035	居住	二层	砖构	水泥	新建不协调	一般	完全使用	新中国成立初期	48	100	一般建筑	保护区	风貌修缮
D036	居住	二层	砖构	红砖	新建不协调	一般	部分使用	新建	43	80	一般建筑	保护区	风貌修缮
D037	闲置	一层	砖构	红砖	新建不协调	一般	部分使用	新中国成立初期	48	80	一般建筑	保护区	风貌修缮
D038	居住	三层	砖构	红砖	新建不协调	一般	部分使用	新建	40	80	一般建筑	保护区	拆除重建
D039	居住	二层	砖构	红砖	新建不协调	一般	完全使用	新建	43	100	一般建筑	保护区	风貌修缮
D040	居住	二层	砖构	红砖	新建不协调	一般	部分使用	新建	43	80	一般建筑	保护区	风貌修缮
D041	居住	二层	砖构	红砖	新建不协调	一般	部分使用	新建	43	80	一般建筑	保护区	风貌修缮
D042	其他	一层	砖构	红砖	新建不协调	一般	完全使用	新建	38	100	一般建筑	保护区	拆除重建
D043	居住	二层	砖构	红砖	新建不协调	一般	部分使用	新建	43	80	一般建筑	保护区	风貌修缮
D044	机关	二层	砖构	水泥	新建不协调	一般	完全使用	新建	38	100	一般建筑	保护区	拆除重建
D045	机关	二层	砖构	涂料	新建协调	一般	完全使用	新中国成立初期	48	100	一般建筑	保护区	风貌修缮
D046	机关	一层	砖构	青砖	新建不协调	危房	完全使用	新中国成立初期	48	70	一般建筑	保护区	风貌修缮
D047	机关	三层	砖构	红砖	新建不协调	一般	完全使用	新建	35	100	一般建筑	保护区	拆除重建

续 表

建筑编号	建筑功能	建筑高度	建筑结构	建筑材料	艺术价值	建筑质量	使用状况	建筑年代	历史风貌评估	健康状况评估	建筑类型	所属区划	保护措施
D048	居住	二层	砖木	木	古老美观	一般	完全使用	民国	88	100	历史建筑	保护区	现状维护
D049	机关	一层	砖构	青砖	新建不协调	一般	部分使用	新建	43	80	一般建筑	保护区	风貌修缮
D050	居住	二层	砖构	红砖	新建不协调	一般	完全使用	新建	43	100	一般建筑	保护区	风貌修缮
D051	居住	二层	砖构	红砖	新建协调	一般	完全使用	新建	43	100	一般建筑	保护区	风貌修缮
D052	居住	一层	砖构	土坯	新建协调	危房	部分使用	新中国成立初期	60	50	历史建筑	保护区	风貌修缮
D053	居住	二层	砖木	木	古老美观	一般	完全使用	清代	93	100	历史建筑	保护区	现状维护
D054	居住	三层	砖构	红砖	新建不协调	一般	完全使用	新建	40	100	一般建筑	保护区	拆除重建
D055	居住	一层	砖构	红砖	新建协调	一般	完全使用	新中国成立初期	55	100	一般建筑	保护区	风貌修缮
D056	居住	二层	砖木	木	古老美观	一般	完全使用	清代	93	100	历史建筑	保护区	现状维护
D057	居住	二层	砖构	红砖	新建不协调	一般	完全使用	新建	43	100	一般建筑	保护区	拆除重建
D058	居住	一层	砖构	土坯	新建协调	一般	完全使用	新中国成立初期	60	100	一般建筑	保护区	风貌修缮
D059	居住	二层	木构	木	古老	危房	部分使用	民国	88	50	历史建筑	保护区	现状维护
D060	居住	二层	砖构	红砖	新建不协调	一般	完全使用	新建	43	100	一般建筑	保护区	风貌修缮
D061	居住	二层	砖木	木	古老美观	一般	完全使用	清代	93	100	历史建筑	保护区	现状维护
D062	居住	二层	砖木	木	古老美观	一般	完全使用	清代	93	100	历史建筑	保护区	现状维护
D063	居住	二层	砖构	木	古老	危房	完全使用	民国	80	70	历史建筑	保护区	现状维护
D064	居住	二层	砖构	面砖	新建不协调	一般	部分使用	新建	40	80	一般建筑	保护区	拆除重建
D065	居住	二层	木构	木	古老	危房	完全使用	民国	85	70	历史建筑	保护区	现状维护

续 表

建筑编号	建筑功能	建筑高度	建筑结构	建筑材料	艺术价值	建筑质量	使用状况	建筑年代	历史风貌评估	健康状况评估	建筑类型	所属区划	保护措施
D066	居住	一层	砖构	红砖	新建协调	一般	部分使用	新中国成立初期	55	80	一般建筑	保护区	风貌修缮
D067	居住	一层	砖构	红砖	新建协调	一般	部分使用	新中国成立初期	55	80	一般建筑	保护区	风貌修缮
D068	居住	一层	砖构	红砖	新建协调	一般	部分使用	新中国成立初期	55	80	一般建筑	保护区	风貌修缮
D069	居住	一层	砖构	红砖	新建协调	一般	部分使用	新中国成立初期	55	80	一般建筑	保护区	风貌修缮
D070	居住	二层	砖构	面砖	新建不协调	完好	完全使用	新建	40	90	一般建筑	保护区	拆除重建
D071	居住	二层	砖构	红砖	新建不协调	一般	完全使用	新建	43	100	一般建筑	保护区	风貌修缮
D072	居住	二层	砖构	红砖	新建不协调	一般	完全使用	新建	43	100	一般建筑	保护区	风貌修缮
D073	居住	一层	砖构	红砖	新建不协调	一般	完全使用	新建	45	100	一般建筑	保护区	风貌修缮
D074	居住	二层	砖构	青砖	新建不协调	完好	部分使用	新建	45	70	一般建筑	保护区	风貌修缮
D075	居住	一层	砖构	红砖	新建不协调	一般	部分使用	新建	45	80	一般建筑	保护区	风貌修缮
D076	居住	二层	砖构	面砖	新建不协调	一般	部分使用	新建	40	80	一般建筑	保护区	风貌修缮
D077	其他	一层	砖构	红砖	新建不协调	一般	部分使用	新建	38	80	一般建筑	保护区	拆除重建
D078	居住	一层	砖构	红砖	新建不协调	一般	完全使用	新建	45	100	一般建筑	保护区	风貌修缮
D079	居住	二层	砖木	红砖	新建协调	一般	完全使用	新中国成立初期	55	100	一般建筑	一类建控地带	建筑改造
D080	居住	一层	砖构	红砖	新建不协调	一般	部分使用	新建	45	80	一般建筑	一类建控地带	建筑改造
D081	居住	二层	砖构	红砖	新建不协调	一般	完全使用	新建	43	100	一般建筑	一类建控地带	建筑改造
D082	居住	一层	砖构	红砖	新建不协调	完好	完全使用	新建	45	90	一般建筑	一类建控地带	建筑改造
D083	居住	二层	砖构	红砖	新建不协调	一般	完全使用	新建	43	100	一般建筑	一类建控地带	建筑改造

续　表

建筑编号	建筑功能	建筑高度	建筑结构	建筑材料	艺术价值	建筑质量	使用状况	建筑年代	历史风貌评估	健康状况评估	建筑类型	所属区划	保护措施
D084	居住	二层	砖构	红砖	新建不协调	一般	完全使用	新建	43	100	一般建筑	一类建控地带	建筑改造
D085	居住	二层	砖构	红砖	新建不协调	一般	完全使用	新建	43	100	一般建筑	一类建控地带	建筑改造
D086	居住	二层	砖构	红砖	新建不协调	一般	部分使用	新建	43	80	一般建筑	一类建控地带	建筑改造
D087	居住	二层	砖构	土坯	新建不协调	一般	部分使用	新建	48	80	一般建筑	一类建控地带	建筑改造
D088	居住	一层	砖构	红砖	新建不协调	一般	部分使用	新建	45	80	一般建筑	一类建控地带	建筑改造
D089	居住	二层	砖构	红砖	新建不协调	一般	部分使用	新建	43	80	一般建筑	一类建控地带	建筑改造
D090	居住	一层	砖构	红砖	新建不协调	一般	部分使用	新建	45	80	一般建筑	一类建控地带	建筑改造
D091	居住	二层	砖构	红砖	新建不协调	一般	部分使用	新建	43	80	一般建筑	一类建控地带	建筑改造
D092	居住	二层	砖构	红砖	新建不协调	一般	部分使用	新建	43	80	一般建筑	一类建控地带	建筑改造
D093	其他	一层	砖构	红砖	新建不协调	一般	完全使用	新建	38	100	一般建筑	一类建控地带	拆迁
D094	商业	二层	砖混	面砖	新建不协调	完好	部分使用	新建	33	70	一般建筑	一类建控地带	拆迁
D095	居住	二层	砖构	红砖	新建不协调	一般	完全使用	新建	43	100	一般建筑	一类建控地带	建筑改造
D096	居住	二层	砖构	涂料	新建协调	完好	完全使用	新建	48	90	一般建筑	保护区	风貌修缮
D097	居住	二层	砖构	面砖	新建不协调	一般	完全使用	新建	40	100	一般建筑	保护区	风貌修缮
D098	居住	二层	砖构	红砖	新建不协调	一般	完全使用	新建	43	100	一般建筑	保护区	风貌修缮
D099	居住	二层	砖构	红砖	新建不协调	一般	完全使用	新建	43	100	一般建筑	保护区	风貌修缮
D100	居住	二层	砖构	红砖	新建不协调	一般	完全使用	新建	43	100	一般建筑	保护区	风貌修缮
D101	居住	二层	砖构	红砖	新建不协调	一般	完全使用	新建	43	100	一般建筑	保护区	风貌修缮

续表

建筑编号	建筑功能	建筑高度	建筑结构	建筑材料	艺术价值	建筑质量	使用状况	建筑年代	历史风貌评估	健康状况评估	建筑类型	所属区划	保护措施
D102	居住	二层	砖木	木	古老	危房	完全使用	民国	83	70	历史建筑	保护区	现状维护
D103	居住	一层	砖木	木	古老	危房	完全使用	民国	85	70	历史建筑	保护区	现状维护
D104	居住	二层	木构	木	古老美观	危房	部分使用	民国	90	50	历史建筑	保护区	现状维护
D105	居住	二层	砖构	面砖	新建不协调	一般	完全使用	新建	40	100	一般建筑	保护区	拆除重建
D106	闲置	一层	砖构	红砖	新建不协调	一般	闲置	新中国成立初期	48	60	一般建筑	保护区	风貌修缮
D107	居住	二层	砖木	土坯	古老	一般	完全使用	民国	80	100	历史建筑	保护区	现状维护
D108	居住	一层	砖木	土坯	古老	一般	完全使用	民国	83	100	历史建筑	保护区	现状维护
D109	闲置	一层	砖构	红砖	新建不协调	一般	部分使用	新中国成立初期	48	80	一般建筑	保护区	风貌修缮
D110	居住	一层	砖木	土坯	古老	一般	完全使用	民国	83	100	历史建筑	保护区	现状维护
D111	居住	一层	砖木	青砖	古老	一般	完全使用	民国	80	100	历史建筑	保护区	现状维护
D112	居住	二层	砖构	红砖	新建不协调	一般	完全使用	新中国成立初期	48	100	一般建筑	保护区	风貌修缮
D113	作坊	二层	木构	木	古老美观	危房	部分使用	民国	88	50	历史建筑	保护区	现状维护
D114	居住	二层	砖木	木	古老美观	危房	完全使用	民国	88	70	历史建筑	保护区	现状维护
D115	居住	二层	砖木	木	新建协调	完好	部分使用	新建	58	70	一般建筑	保护区	风貌修缮
D116	居住	二层	砖混	木	新建协调	完好	完全使用	新建	53	90	一般建筑	保护区	风貌修缮
D117	居住	三层	砖构	面砖	新建不协调	完好	完全使用	新建	38	90	一般建筑	保护区	拆除重建
D118	宗教	二层	砖木	涂料	新建不协调	一般	部分使用	民国	65	80	历史建筑	保护区	风貌修缮
D119	仓储	一层	砖木	青砖	古老	一般	完全使用	民国	78	100	历史建筑	保护区	现状维护

建筑编号	建筑功能	建筑高度	建筑结构	建筑材料	艺术价值	建筑质量	使用状况	建筑年代	历史风貌评估	健康状况评估	建筑类型	所属区划	保护措施
D120	商住	二层	砖构	面砖	新建不协调	一般	完全使用	新建	38	100	一般建筑	保护区	拆除重建
D121	居住	二层	木构	木	古老美观	危房	部分使用	民国	90	50	历史建筑	保护区	现状维护
D122	商住	三层	砖构	水泥	新建不协调	完好	完全使用	新建	38	90	一般建筑	保护区	拆除重建
D123	作坊	三层	砖构	面砖	新建不协调	完好	完全使用	新建	35	90	一般建筑	保护区	拆除重建
D124	居住	一层	木构	木	古老	危房	部分使用	民国	88	50	历史建筑	保护区	现状维护
D125	作坊	二层	砖构	红砖	新建不协调	一般	完全使用	新建	40	100	一般建筑	保护区	拆除重建
D126	居住	一层	砖木	青砖	新建不协调	一般	部分使用	新建	50	80	一般建筑	保护区	风貌修缮
D127	作坊	二层	砖构	红砖	古老	危房	部分使用	新中国成立初期	60	50	历史建筑	保护区	风貌修缮
D128	作坊	一层	砖构	红砖	新建不协调	一般	完全使用	新建	43	100	一般建筑	保护区	风貌修缮
D129	居住	一层	砖构	红砖	新建协调	一般	部分使用	新中国成立初期	55	80	一般建筑	保护区	风貌修缮
D130	商住	三层	砖构	面砖	新建不协调	完好	完全使用	新建	35	90	一般建筑	保护区	拆除重建
D131	作坊	二层	砖构	水泥	新建不协调	一般	完全使用	新建	40	100	一般建筑	保护区	拆除重建
D132	作坊	二层	砖构	面砖	新建不协调	一般	完全使用	新建	38	100	一般建筑	保护区	拆除重建
D133	作坊	二层	砖构	红砖	新建不协调	危房	完全使用	新建	40	70	一般建筑	保护区	拆除重建
D134	居住	一层	砖木	红砖	新建协调	一般	部分使用	新中国成立初期	50	80	一般建筑	保护区	风貌修缮
D135	古迹	二层	砖构	涂料	新建协调	一般	部分使用	民国	68	80	历史建筑	保护区	风貌修缮
D136	作坊	三层	砖构	面砖	新建不协调	危房	完全使用	新建	35	70	一般建筑	保护区	拆除重建
D137	作坊	二层	砖构	水泥	新建不协调	一般	完全使用	新建	40	100	一般建筑	保护区	风貌修缮

续 表

建筑编号	建筑功能	建筑高度	建筑结构	建筑材料	艺术价值	建筑质量	使用状况	建筑年代	历史风貌评估	健康状况评估	建筑类型	所属区划	保护措施
D138	商住	二层	砖构	红砖	新建不协调	一般	完全使用	新建	40	100	一般建筑	保护区	风貌修缮
D139	商住	二层	砖构	水泥	新建不协调	一般	完全使用	新建	40	100	一般建筑	保护区	风貌修缮
D140	商住	一层	砖构	水泥	新建不协调	一般	部分使用	新建	43	80	一般建筑	保护区	风貌修缮
D141	商业	二层	砖构	水泥	新建不协调	一般	完全使用	新建	38	100	一般建筑	保护区	拆除重建
D142	商业	二层	砖构	水泥	新建不协调	一般	完全使用	新建	38	100	一般建筑	保护区	拆除重建
E001	商住	三层	砖构	面砖	新建不协调	完好	部分使用	新建	35	70	一般建筑		
E002	商住	三层	砖构	面砖	新建不协调	完好	部分使用	新建	35	70	一般建筑		
E003	商住	三层	砖构	面砖	新建不协调	完好	部分使用	新建	35	70	一般建筑		
E004	商住	三层	砖构	面砖	新建不协调	完好	部分使用	新建	35	70	一般建筑		
E005	商住	三层	砖构	面砖	新建不协调	完好	部分使用	新建	35	70	一般建筑		
E006	商住	三层	砖构	面砖	新建不协调	完好	部分使用	新建	35	70	一般建筑		
E007	商住	三层	砖构	面砖	新建不协调	完好	完全使用	新建	35	90	一般建筑		
E008	商住	三层	砖构	面砖	新建不协调	完好	完全使用	新建	35	90	一般建筑		
E009	商住	三层	砖构	面砖	新建不协调	完好	部分使用	新建	35	70	一般建筑		
E010	商住	三层	砖构	面砖	新建不协调	完好	部分使用	新建	35	70	一般建筑		
E011	居住	二层	砖构	面砖	新建不协调	一般	完全使用	新建	40	100	一般建筑		
E012	居住	二层	砖构	面砖	新建不协调	一般	完全使用	新建	40	100	一般建筑		
E013	居住	二层	砖构	红砖	新建协调	一般	完全使用	新建	48	100	一般建筑		

续　表

建筑编号	建筑功能	建筑高度	建筑结构	建筑材料	艺术价值	建筑质量	使用状况	建筑年代	历史风貌评估	健康状况评估	建筑类型	所属区划	保护措施
E014	居住	二层	砖构	红砖	新建协调	一般	完全使用	新建	48	100	一般建筑		
E015	居住	一层	砖构	红砖	新建协调	一般	部分使用	新建	50	80	一般建筑		
E016	居住	一层	砖构	红砖	新建协调	一般	部分使用	新建	50	80	一般建筑		
E017	居住	二层	砖构	红砖	新建不协调	一般	部分使用	新建	43	80	一般建筑		
E018	居住	一层	砖构	红砖	新建协调	一般	完全使用	新建	50	100	一般建筑		
E019	居住	一层	砖构	红砖	新建协调	一般	部分使用	新建	50	80	一般建筑		
E020	居住	二层	砖构	红砖	新建协调	一般	部分使用	新建	48	80	一般建筑		
E021	居住	一层	砖构	红砖	新建协调	一般	部分使用	新建	50	80	一般建筑		
E022	居住	二层	砖构	红砖	新建协调	一般	部分使用	新建	48	80	一般建筑		
E023	居住	一层	砖构	红砖	新建协调	一般	部分使用	新建	50	80	一般建筑		
E024	居住	二层	砖构	红砖	新建协调	一般	部分使用	新建	48	80	一般建筑		
E025	居住	一层	砖构	红砖	新建不协调	一般	完全使用	新建	45	100	一般建筑		
E026	其他	一层	砖构	红砖	新建协调	一般	部分使用	新建	43	80	一般建筑		
E027	居住	二层	砖构	土坯	新建不协调	一般	部分使用	新建	48	80	一般建筑		
E028	商住	三层	砖构	面砖	新建不协调	一般	完全使用	新建	35	100	一般建筑		
E029	居住	二层	砖构	红砖	新建不协调	一般	完全使用	新建	43	100	一般建筑		
E030	居住	二层	砖构	土坯	新建不协调	一般	完全使用	新建	48	100	一般建筑		
E031	居住	二层	砖构	红砖	新建不协调	一般	完全使用	新建	43	100	一般建筑		

续　表

建筑编号	建筑功能	建筑高度	建筑结构	建筑材料	艺术价值	建筑质量	使用状况	建筑年代	历史风貌评估	健康状况评估	建筑类型	所属区划	保护措施
E032	居住	二层	砖构	红砖	新建协调	一般	完全使用	新建	48	100	一般建筑		
E033	其他	一层	砖构	土坯	新建不协调	一般	部分使用	新建	43	80	一般建筑		
E034	居住	一层	砖构	红砖	新建不协调	一般	部分使用	新建	45	80	一般建筑		
E035	居住	二层	砖构	红砖	新建不协调	一般	完全使用	新建	43	100	一般建筑		
E036	居住	二层	砖构	红砖	新建不协调	一般	完全使用	新建	43	100	一般建筑		
E037	居住	二层	砖构	红砖	新建不协调	一般	完全使用	新建	43	100	一般建筑		
E038	居住	二层	砖构	红砖	新建不协调	一般	完全使用	新建	43	100	一般建筑		
E039	居住	一层	砖构	红砖	新建不协调	一般	完全使用	新建	45	100	一般建筑		
E040	居住	二层	砖构	红砖	新建不协调	一般	完全使用	新建	43	100	一般建筑		
E041	居住	一层	砖构	红砖	新建协调	一般	完全使用	新建	50	100	一般建筑		
E042	居住	一层	砖构	红砖	新建协调	一般	完全使用	新建	50	100	一般建筑		
E043	居住	一层	砖构	红砖	新建协调	一般	完全使用	新建	50	100	一般建筑		
E044	居住	二层	砖构	红砖	新建协调	一般	完全使用	新建	48	100	一般建筑		
E045	居住	二层	砖构	土坯	新建协调	一般	完全使用	新中国成立初期	58	100	一般建筑		
E046	居住	二层	砖构	红砖	新建不协调	一般	完全使用	新建	43	100	一般建筑		
E047	居住	一层	砖构	红砖	新建协调	一般	完全使用	新建	50	100	一般建筑		
E048	居住	二层	砖构	红砖	新建协调	一般	完全使用	新建	48	100	一般建筑		
E049	居住	一层	砖构	红砖	新建协调	一般	部分使用	新建	50	80	一般建筑		

续 表

建筑编号	建筑功能	建筑高度	建筑结构	建筑材料	艺术价值	建筑质量	使用状况	建筑年代	历史风貌评估	健康状况评估	建筑类型	所属区划	保护措施
E050	居住	一层	砖构	红砖	新建协调	一般	部分使用	新中国成立初期	55	80	一般建筑		
E051	居住	二层	砖构	红砖	新建不协调	一般	部分使用	新建	43	80	一般建筑		
E052	居住	一层	砖构	红砖	新建协调	一般	部分使用	新建	50	80	一般建筑		
E053	居住	一层	砖构	红砖	新建协调	一般	部分使用	新建	50	80	一般建筑		
E054	居住	二层	砖构	红砖	新建不协调	一般	部分使用	新建	43	80	一般建筑		
E055	居住	二层	砖构	红砖	新建协调	一般	部分使用	新建	43	80	一般建筑		
E056	居住	一层	砖构	红砖	新建协调	一般	部分使用	新建	50	80	一般建筑		
E057	居住	二层	砖构	红砖	新建不协调	一般	部分使用	新建	43	80	一般建筑		
E058	居住	一层	砖构	土坯	新建协调	一般	完全使用	新建	55	100	一般建筑		
E059	居住	二层	砖构	红砖	新建不协调	一般	部分使用	新建	43	80	一般建筑		
E060	居住	一层	砖构	土坯	新建协调	一般	部分使用	新建	55	80	一般建筑		
F001	商业	一层	砖构	面砖	新建不协调	危房	完全使用	新中国成立初期	43	100	一般建筑		
F002	商业	二层	砖混	水泥	新建不协调	完好	完全使用	新中国成立初期	43	70	一般建筑		
F003	商业	三层	砖混	涂料	新建不协调	完好	完全使用		33	90	一般建筑		
F004	商业	三层	砖构	面砖	新建不协调	一般	完全使用	新建	33	100	一般建筑		
F005	商业	三层	砖构	涂料	新建不协调	完好	完全使用	新建	35	90	一般建筑		
F006	商业	二层	砖构	水泥	新建不协调	一般	部分使用	新建	38	80	一般建筑		
F007	其他	一层	砖构	涂料	新建不协调	一般	部分使用	新建	38	80	一般建筑		

续 表

建筑编号	建筑功能	建筑高度	建筑结构	建筑材料	艺术价值	建筑质量	使用状况	建筑年代	历史风貌评估	健康状况评估	建筑类型	所属区划	保护措施
F008	商业	三层	砖构	水泥	新建不协调	一般	部分使用	新建	35	80	一般建筑		
F009	商住	二层	砖构	面砖	新建不协调	一般	部分使用	新建	38	80	一般建筑		
F010	居住	二层	砖构	红砖	新建不协调	一般	完全使用	新建	43	100	一般建筑		
F011	居住	二层	砖构	红砖	新建不协调	一般	部分使用	新建	43	80	一般建筑		
F012	居住	二层	砖构	红砖	新建不协调	一般	完全使用	新建	43	100	一般建筑		
F013	居住	二层	砖构	红砖	新建协调	一般	完全使用	新建	48	100	一般建筑		
F014	居住	二层	砖构	红砖	新建不协调	一般	完全使用	新建	43	100	一般建筑		
F015	居住	三层	砖构	面砖	新建不协调	一般	完全使用	新建	40	100	一般建筑		
F016	商业	三层	砖构	面砖	新建不协调	一般	完全使用	新建	35	100	一般建筑		
F017	商住	三层	砖构	面砖	新建不协调	一般	完全使用	新建	35	100	一般建筑		
F018	商住	二层	砖构	面砖	新建不协调	一般	完全使用	新建	38	100	一般建筑		
F019	居住	二层	砖构	水泥	新建不协调	一般	完全使用	新中国成立初期	48	100	一般建筑		
F020	居住	二层	砖构	水泥	新建不协调	一般	完全使用	新中国成立初期	48	100	一般建筑		
F021	居住	二层	砖构	红砖	新建协调	一般	完全使用	新中国成立初期	53	100	一般建筑		
F022	商业	三层	砖混	面砖	新建不协调	完好	完全使用	新建	30	90	一般建筑		
F023	商业	二层	砖构	水泥	新建不协调	危房	完全使用	新建	38	70	一般建筑		
G001	商业	二层	砖混	面砖	新建不协调	完好	完全使用	新建	33	90	一般建筑	二类建控地带	建筑改造
G002	商业	二层	砖构	红砖	新建不协调	一般	完全使用	新建	38	100	一般建筑	二类建控地带	建筑改造

建筑编号	建筑功能	建筑高度	建筑结构	建筑材料	艺术价值	建筑质量	使用状况	建筑年代	历史风貌评估	健康状况评估	建筑类型	所属规划区划	保护措施
G003	商业	三层	砖混	面砖	新建不协调	完好	完全使用	新建	30	90	一般建筑	二类建控地带	建筑改造
G004	商业	二层	砖混	面砖	新建不协调	完好	完全使用	新建	33	90	一般建筑	二类建控地带	建筑改造
G005	商业	三层	砖混	水泥	新建不协调	一般	完全使用	新建	33	100	一般建筑	二类建控地带	建筑改造
G006	商业	二层	砖构	红砖	新建不协调	一般	部分使用	新建	38	80	一般建筑	二类建控地带	建筑改造
G007	商业	二层	砖混	面砖	新建不协调	一般	完全使用	新建	33	100	一般建筑	二类建控地带	建筑改造
G008	商业	三层	砖混	面砖	新建不协调	一般	完全使用	新建	30	100	一般建筑	二类建控地带	建筑改造
G009	商业	二层	砖构	水泥	新建协调	一般	部分使用	新建	43	80	一般建筑	二类建控地带	现状维护
G010	居住	二层	砖构	水泥	新建不协调	一般	部分使用	新建	43	80	一般建筑	二类建控地带	现状维护
G011	居住	二层	砖构	水泥	新建不协调	一般	部分使用	新建	43	80	一般建筑	二类建控地带	现状维护
G012	居住	二层	砖构	水泥	新建不协调	一般	部分使用	新建	43	80	一般建筑	二类建控地带	现状维护
G013	居住	二层	砖构	面砖	新建不协调	一般	部分使用	新建	40	80	一般建筑	二类建控地带	现状维护
G014	居住	三层	砖混	面砖	新建不协调	一般	部分使用	新建	35	80	一般建筑	二类建控地带	建筑改造
G015	商业	二层	砖构	红砖	新建不协调	一般	完全使用	新建	38	100	一般建筑	二类建控地带	建筑改造
G016	商业	二层	砖构	红砖	新建不协调	一般	完全使用	新建	38	100	一般建筑	二类建控地带	建筑改造
G017	商业	二层	砖构	红砖	新建不协调	一般	完全使用	新建	38	100	一般建筑	二类建控地带	建筑改造
G018	商业	二层	砖构	红砖	新建不协调	一般	完全使用	新建	38	100	一般建筑	二类建控地带	建筑改造
G019	商业	二层	砖构	红砖	新建不协调	一般	完全使用	新建	38	100	一般建筑	二类建控地带	建筑改造
G020	居住	二层	砖构	红砖	新建不协调	一般	部分使用	新建	43	80	一般建筑	二类建控地带	现状维护

续表

建筑编号	建筑功能	建筑高度	建筑结构	建筑材料	艺术价值	建筑质量	使用状况	建筑年代	历史风貌评估	健康状况评估	建筑类型	所属区划	保护措施
G021	居住	二层	砖构	红砖	新建不协调	一般	部分使用	新建	43	80	一般建筑	二类建控地带	现状维护
G022	居住	二层	砖构	红砖	新建不协调	一般	完全使用	新建	43	100	一般建筑	二类建控地带	现状维护
G023	居住	二层	砖构	红砖	新建不协调	一般	完全使用	新建	43	100	一般建筑	二类建控地带	现状维护
G024	居住	二层	砖构	红砖	新建不协调	一般	部分使用	新建	43	80	一般建筑	二类建控地带	现状维护
G025	居住	二层	砖构	红砖	新建不协调	一般	完全使用	新建	43	100	一般建筑	二类建控地带	现状维护
G026	居住	二层	砖构	红砖	新建不协调	一般	部分使用	新建	43	80	一般建筑	二类建控地带	现状维护
G027	商业	二层	砖构	红砖	新建不协调	一般	完全使用	新建	38	100	一般建筑	二类建控地带	建筑改造
G028	其他	一层	砖构	红砖	新建协调	一般	完全使用	新中国成立初期	48	100	一般建筑	二类建控地带	现状维护
G029	商业	二层	砖构	红砖	新建不协调	一般	完全使用	新建	38	100	一般建筑	二类建控地带	建筑改造
G030	居住	二层	砖构	红砖	新建不协调	一般	部分使用	新建	43	80	一般建筑	二类建控地带	现状维护
G031	居住	二层	砖构	红砖	新建不协调	一般	完全使用	新建	43	100	一般建筑	二类建控地带	现状维护
G032	商业	二层	砖构	红砖	新建不协调	一般	部分使用	新建	38	80	一般建筑	二类建控地带	现状维护
G033	居住	二层	砖构	红砖	新建不协调	一般	完全使用	新建	43	100	一般建筑	二类建控地带	现状维护
G034	居住	二层	砖构	红砖	新建不协调	一般	完全使用	新建	43	100	一般建筑	二类建控地带	现状维护
G035	商业	二层	砖构	红砖	新建不协调	一般	部分使用	新建	38	80	一般建筑	二类建控地带	建筑改造
G036	商业	三层	砖混	面砖	新建不协调	一般	部分使用	新建	30	80	一般建筑	二类建控地带	建筑改造
G037	商业	五层	砖混	玻璃	新建不协调	完好	完全使用	新建	25	90	一般建筑	一类建控地带	拆迁
G038	商业	三层	砖混	面砖	新建不协调	一般	完全使用	新建	30	100	一般建筑	一类建控地带	拆迁

续　表

建筑编号	建筑功能	建筑高度	建筑结构	建筑材料	艺术价值	建筑质量	使用状况	建筑年代	历史风貌评估	健康状况评估	建筑类型	所属规划区划	保护措施
G039	商业	三层	砖混	面砖	新建不协调	一般	完全使用	新建	30	100	一般建筑	一类建控地带	拆迁
G040	医疗	二层	砖混	面砖	新建不协调	一般	完全使用	新建	33	100	一般建筑	一类建控地带	拆迁
G041	商业	一层	砖构	水泥	新建不协调	一般	部分使用	新建	40	80	一般建筑	一类建控地带	拆迁
G042	商业	一层	砖构	水泥	新建不协调	一般	完全使用	新建	40	100	一般建筑	一类建控地带	拆迁
G043	机关	三层	砖构	水泥	新建不协调	一般	部分使用	新建	35	80	一般建筑	一类建控地带	拆迁
G044	商业	二层	砖构	面砖	新建不协调	完好	完全使用	新建	35	90	一般建筑	一类建控地带	拆迁
G045	商业	四层	砖混	面砖	新建不协调	完好	完全使用	新建	28	90	一般建筑	一类建控地带	拆迁
G046	商业	二层	砖混	面砖	新建不协调	一般	完全使用	新建	33	100	一般建筑	一类建控地带	拆迁
G047	商业	一层	砖构	水泥	新建不协调	一般	完全使用	新建	40	100	一般建筑	一类建控地带	拆迁
G048	商业	二层	砖构	面砖	新建不协调	一般	部分使用	新建	35	80	一般建筑	一类建控地带	拆迁
G049	商业	五层	砖构	面砖	新建不协调	一般	完全使用	新建	28	100	一般建筑	一类建控地带	拆迁
G050	商业	二层	砖构	水泥	新建不协调	危房	闲置	新建	38	30	一般建筑	一类建控地带	拆迁
G051	商业	二层	砖构	面砖	新建不协调	完好	完全使用	新建	35	90	一般建筑	一类建控地带	拆迁
G052	商业	三层	砖构	面砖	新建不协调	完好	完全使用	新建	33	90	一般建筑	一类建控地带	拆迁
G053	商业	二层	砖构	面砖	新建不协调	完好	完全使用	新建	35	90	一般建筑	一类建控地带	拆迁
G054	商业	三层	砖构	面砖	新建不协调	完好	部分使用	新建	33	70	一般建筑	一类建控地带	拆迁
G055	商业	二层	砖构	面砖	新建不协调	完好	完全使用	新建	35	90	一般建筑	一类建控地带	拆迁
G056	居住	二层	砖构	水泥	新建不协调	一般	部分使用	新建	43	80	一般建筑	一类建控地带	建筑改造

续　表

建筑编号	建筑功能	建筑高度	建筑结构	建筑材料	艺术价值	建筑质量	使用状况	建筑年代	历史风貌评估	健康状况评估	建筑类型	所属区划	保护措施
G057	居住	二层	砖构	水泥	新建不协调	一般	部分使用	新建	43	80	一般建筑	一类建控地带	建筑改造
G058	居住	三层	砖构	红砖	新建不协调	完好	完全使用	新建	40	90	一般建筑	保护区	风貌修缮
G059	居住	一层	砖构	青砖	新建协调	一般	部分使用	新建	53	80	一般建筑	保护区	风貌修缮
G060	其他	一层	砖构	土坯	新建不协调	一般	部分使用	新建	43	80	一般建筑	保护区	风貌修缮
G061	文教	二层	砖混	面砖	新建不协调	完好	部分使用	新建	33	70	一般建筑	保护区	拆除重建
G062	机关	二层	砖构	涂料	新建不协调	一般	完全使用	新建	38	100	一般建筑	一类建控地带	拆迁
G063	闲置	一层	砖构	土坯	新建不协调	一般	闲置	新中国成立初期	53	60	一般建筑	一类建控地带	建筑改造
G064	居住	一层	砖构	红砖	新建不协调	一般	完全使用	新建	45	100	一般建筑	一类建控地带	建筑改造
G065	医疗	二层	砖构	红砖	新建不协调	一般	部分使用	新建	38	80	一般建筑	一类建控地带	拆迁
G066	其他	一层	砖构	青砖	新建协调	一般	部分使用	新中国成立初期	50	80	一般建筑	一类建控地带	建筑改造
G067	其他	一层	砖构	青砖	新建不协调	一般	完全使用	新建	40	100	一般建筑	一类建控地带	拆迁
G068	医疗	三层	砖构	涂料	新建不协调	一般	完全使用	新建	35	100	一般建筑	一类建控地带	拆迁
G069	医疗	四层	砖构	水泥	新建不协调	一般	完全使用	新建	33	100	一般建筑	一类建控地带	拆迁
G070	居住	二层	砖构	红砖	新建不协调	一般	完全使用	新建	43	100	一般建筑	一类建控地带	建筑改造
G071	居住	二层	砖构	红砖	新建不协调	一般	完全使用	新建	43	100	一般建筑	一类建控地带	建筑改造
G072	居住	二层	砖构	红砖	新建不协调	一般	完全使用	新建	43	100	一般建筑	一类建控地带	建筑改造
G073	居住	二层	砖构	红砖	新建不协调	一般	完全使用	新建	43	100	一般建筑	一类建控地带	建筑改造
G074	医疗	一层	砖构	涂料	新建不协调	一般	完全使用	新建	40	100	一般建筑	一类建控地带	拆迁

建筑编号	建筑功能	建筑高度	建筑结构	建筑材料	艺术价值	建筑质量	使用状况	建筑年代	历史风貌评估	健康状况评估	建筑类型	所属规划区划	保护措施
G075	医疗	三层	砖构	涂料	新建不协调	一般	完全使用	新建	35	100	一般建筑	一类建控地带	拆迁
G076	医疗	三层	砖构	涂料	新建不协调	一般	完全使用	新建	35	100	一般建筑	一类建控地带	拆迁
G077	医疗	三层	砖构	水泥	新建不协调	一般	完全使用	新建	35	100	一般建筑	一类建控地带	拆迁
G078	医疗	三层	砖构	涂料	新建不协调	一般	完全使用	新建	35	100	一般建筑	一类建控地带	拆迁
G079	医疗	三层	砖构	水泥	新建不协调	一般	完全使用	新建	35	100	一般建筑	一类建控地带	拆迁
G080	医疗	二层	砖构	涂料	新建不协调	一般	完全使用	新建	38	100	一般建筑	一类建控地带	拆迁
G081	商业	二层	砖混	面砖	新建不协调	完好	部分使用	新建	33	70	一般建筑	一类建控地带	拆迁
J001	居住	二层	砖混	面砖	新建不协调	完好	完全使用	新中国成立初期	43	90	一般建筑		
J002	居住	二层	砖构	面砖	新建不协调	完好	完全使用	新建	38	90	一般建筑		
J003	商住	二层	砖构	水泥	新建不协调	完好	部分使用	新建	38	70	一般建筑		
J004	商住	二层	砖构	水泥	新建不协调	一般	部分使用	新建	40	80	一般建筑		
J005	商住	二层	砖构	水泥	新建不协调	一般	部分使用	新建	40	80	一般建筑		
J005	商业	二层	砖构	面砖	新建不协调	完好	部分使用	新建	35	70	一般建筑		
J006	商住	二层	砖构	水泥	新建不协调	一般	部分使用	新建	40	80	一般建筑		
J007	商住	二层	砖构	面砖	新建不协调	完好	部分使用	新建	38	70	一般建筑		
J008	商住	二层	砖构	水泥	新建不协调	一般	部分使用	新中国成立初期	45	80	一般建筑		
J009	商住	二层	砖构	面砖	新建不协调	完好	部分使用	新建	38	70	一般建筑		
J010	商住	三层	砖混	红砖	新建不协调	一般	部分使用	新中国成立初期	40	80	一般建筑		

续　表

建筑编号	建筑功能	建筑高度	建筑结构	建筑材料	艺术价值	建筑质量	使用状况	建筑年代	历史风貌评估	健康状况评估	建筑类型	所属区划	保护措施
J011	商住	二层	砖构	面砖	新建不协调	完好	部分使用	新建	38	70	一般建筑		
J012	机关	二层	砖混	面砖	新建不协调	一般	部分使用	新建	33	80	一般建筑		
J013	机关	三层	砖混	面砖	新建不协调	完好	完全使用	新建	30	90	一般建筑		
J014	商住	二层	砖构	面砖	新建不协调	完好	完全使用	新建	38	90	一般建筑		
J015	商业	二层	砖构	水泥	新建不协调	一般	闲置	新中国成立初期	43	60	一般建筑		
J016	居住	二层	砖构	水泥	新建不协调	一般	完全使用	新建	43	100	一般建筑		
J017	居住	二层	砖构	水泥	新建不协调	一般	完全使用	新建	43	100	一般建筑		
J018	居住	二层	砖构	水泥	新建协调	一般	部分使用	新中国成立初期	53	80	一般建筑		
J019	居住	二层	砖构	水泥	新建不协调	一般	部分使用	新建	43	80	一般建筑		
J020	居住	二层	砖构	水泥	新建不协调	一般	部分使用	新建	43	80	一般建筑		
J021	居住	二层	砖构	水泥	新建协调	一般	部分使用	新中国成立初期	53	80	一般建筑		
J022	居住	二层	砖构	水泥	新建协调	一般	完全使用	新中国成立初期	53	100	一般建筑		
J023	居住	二层	砖构	水泥	新建不协调	一般	部分使用	新建	43	80	一般建筑		
J024	居住	二层	砖构	水泥	新建不协调	一般	部分使用	新建	43	80	一般建筑		
J025	居住	二层	砖构	面砖	新建不协调	完好	完全使用	新建	40	90	一般建筑		
J026	居住	二层	砖构	面砖	新建不协调	完好	完全使用	新建	40	90	一般建筑		
J027	居住	二层	砖构	红砖	新建不协调	一般	部分使用	新建	43	80	一般建筑		
J028	居住	二层	砖构	面砖	新建不协调	完好	完全使用	新建	40	90	一般建筑		

续　表

建筑编号	建筑功能	建筑高度	建筑结构	建筑材料	艺术价值	建筑质量	使用状况	建筑年代	历史风貌评估	健康状况评估	建筑类型	所属区划	保护措施
J029	居住	一层	砖构	红砖	新建不协调	一般	完全使用	新建	45	100	一般建筑		
J030	居住	一层	砖构	红砖	新建不协调	一般	完全使用	新建	45	100	一般建筑		
J031	居住	一层	砖构	红砖	新建不协调	一般	部分使用	新建	45	80	一般建筑		
J032	居住	二层	砖构	红砖	新建不协调	一般	部分使用	新建	43	80	一般建筑		
J033	居住	二层	砖构	青砖	新建不协调	一般	部分使用	新建	45	80	一般建筑		
J034	居住	二层	砖构	青砖	新建不协调	一般	完全使用	新建	45	100	一般建筑		
J035	居住	二层	砖构	红砖	新建不协调	一般	部分使用	新建	43	80	一般建筑		
J036	居住	二层	砖构	红砖	新建不协调	一般	部分使用	新建	43	80	一般建筑		
J037	居住	二层	砖构	水泥	新建协调	一般	完全使用	新中国成立初期	53	100	一般建筑		
J038	居住	一层	砖构	红砖	新建不协调	一般	完全使用	新建	45	100	一般建筑		
J039	其他	二层	砖构	红砖	新建协调	一般	完全使用	新中国成立初期	45	100	一般建筑		
J040	其他	一层	砖构	红砖	新建协调	一般	完全使用	新中国成立初期	48	100	一般建筑		
J041	居住	二层	砖构	面砖	新建不协调	完好	完全使用	新建	40	90	一般建筑	II类建控地带	
J042	居住	三层	砖构	面砖	新建不协调	完好	完全使用	新建	38	90	一般建筑	二类建控地带	建筑改造
J043	居住	二层	砖构	面砖	新建不协调	完好	完全使用	新建	40	90	一般建筑	二类建控地带	建筑改造
J044	居住	二层	砖构	红砖	新建不协调	一般	部分使用	新建	43	80	一般建筑	二类建控地带	现状维护
J045	居住	二层	砖构	红砖	新建不协调	完好	部分使用	新建	43	70	一般建筑	二类建控地带	现状维护
J046	居住	二层	砖构	红砖	新建不协调	一般	部分使用	新建	43	80	一般建筑	二类建控地带	现状维护

续　表

建筑编号	建筑功能	建筑高度	建筑结构	建筑材料	艺术价值	建筑质量	使用状况	建筑年代	历史风貌评估	健康状况评估	建筑类型	所属区划	保护措施
J047	居住	二层	砖构	红砖	新建不协调	一般	部分使用	新建	43	80	一般建筑	二类建控地带	现状维护
J048	居住	二层	砖构	涂料	新建不协调	一般	部分使用	新建	43	80	一般建筑	二类建控地带	现状维护
J049	居住	二层	砖构	红砖	新建不协调	一般	部分使用	新建	43	80	一般建筑	二类建控地带	现状维护
J050	居住	二层	砖构	红砖	新建不协调	完好	部分使用	新建	43	70	一般建筑	二类建控地带	现状维护
J051	居住	二层	砖构	红砖	新建不协调	一般	部分使用	新建	43	80	一般建筑	二类建控地带	现状维护
J052	居住	二层	砖构	红砖	新建不协调	一般	部分使用	新建	43	80	一般建筑	二类建控地带	现状维护
J053	居住	二层	砖构	红砖	新建不协调	一般	部分使用	新建	43	80	一般建筑	二类建控地带	现状维护
J054	商住	二层	砖构	红砖	新建协调	一般	完全使用	新建	40	100	一般建筑	二类建控地带	建筑改造
J055	商住	二层	砖构	红砖	新建协调	一般	部分使用	新建	45	80	一般建筑	二类建控地带	现状维护
J056	居住	二层	砖构	青砖	新建协调	一般	部分使用	清代	68	80	一般建筑	二类建控地带	现状维护
J057	居住	二层	砖构	青砖	新建协调	一般	部分使用	新中国成立初期	55	80	一般建筑	二类建控地带	现状维护
J058	居住	二层	砖构	青砖	新建协调	一般	完全使用	新中国成立初期	55	100	一般建筑	二类建控地带	现状维护
J059	居住	一层	砖木	青砖	新建协调	一般	部分使用	新中国成立初期	60	80	一般建筑	二类建控地带	现状维护
J060	居住	二层	砖构	红砖	新建不协调	一般	部分使用	新建	43	80	一般建筑	二类建控地带	现状维护
J061	居住	二层	砖构	红砖	新建不协调	一般	部分使用	新建	43	80	一般建筑	二类建控地带	现状维护
J062	居住	二层	砖构	土坯	新建协调	一般	完全使用	新中国成立初期	58	100	一般建筑	二类建控地带	现状维护
J063	居住	二层	砖构	红砖	新建协调	一般	完全使用	新中国成立初期	53	100	一般建筑	二类建控地带	现状维护
J064	居住	二层	砖构	红砖	新建协调	一般	部分使用	新中国成立初期	53	80	一般建筑	二类建控地带	现状维护

续　表

建筑编号	建筑功能	建筑高度	建筑结构	建筑材料	艺术价值	建筑质量	使用状况	建筑年代	历史风貌评估	健康状况评估	建筑类型	所属规划区划	保护措施
J065	居住	二层	砖构	红砖	新建协调	一般	部分使用	新中国成立初期	53	80	一般建筑	二类建控地带	现状维护
J066	居住	二层	砖构	红砖	新建不协调	一般	完全使用	新建	43	100	一般建筑	二类建控地带	现状维护
J067	居住	二层	砖构	红砖	新建协调	一般	部分使用	新中国成立初期	53	80	一般建筑	二类建控地带	现状维护
J068	居住	一层	砖构	土坯	新建协调	一般	部分使用	新中国成立初期	60	80	一般建筑	二类建控地带	现状维护
J069	居住	二层	砖构	红砖	新建协调	一般	部分使用	新中国成立初期	53	80	一般建筑	二类建控地带	现状维护
J070	居住	二层	砖构	红砖	新建协调	一般	部分使用	新中国成立初期	53	80	一般建筑	二类建控地带	现状维护
J071	居住	二层	砖构	土坯	新建协调	一般	部分使用	新中国成立初期	58	80	一般建筑	二类建控地带	现状维护
J072	居住	二层	砖构	红砖	新建不协调	一般	完全使用	新建	43	100	一般建筑	二类建控地带	现状维护
J073	居住	二层	砖构	红砖	新建不协调	一般	完全使用	新建	43	100	一般建筑	二类建控地带	现状维护
J074	居住	二层	砖构	红砖	新建不协调	一般	完全使用	新建	43	100	一般建筑	二类建控地带	现状维护
J075	居住	一层	砖构	土坯	新建协调	一般	部分使用	新建	55	80	一般建筑	二类建控地带	现状维护
J076	居住	二层	砖构	红砖	新建不协调	一般	完全使用	新建	43	100	一般建筑	二类建控地带	现状维护
J077	居住	二层	砖构	红砖	新建不协调	一般	完全使用	新建	43	100	一般建筑	二类建控地带	现状维护
J078	居住	一层	砖构	土坯	新建协调	一般	部分使用	新中国成立初期	60	80	一般建筑	二类建控地带	现状维护
J079	居住	二层	砖构	红砖	新建不协调	一般	完全使用	新建	43	100	一般建筑	二类建控地带	现状维护
J080	居住	二层	砖构	红砖	新建协调	一般	完全使用	新建	43	100	一般建筑	二类建控地带	现状维护
J081	居住	二层	砖构	红砖	新建协调	一般	部分使用	新中国成立初期	53	80	一般建筑	二类建控地带	现状维护
J082	居住	二层	砖构	红砖	新建协调	一般	部分使用	新中国成立初期	53	80	一般建筑	二类建控地带	现状维护

续　表

建筑编号	建筑功能	建筑高度	建筑结构	建筑材料	艺术价值	建筑质量	使用状况	建筑年代	历史风貌评估	健康状况评估	建筑类型	所属区划	保护措施
J083	居住	二层	砖构	红砖	新建不协调	一般	完全使用	新建	43	100	一般建筑	二类建控地带	现状维护
J084	闲置	一层	砖构	水泥	新建不协调	一般	部分使用	新建	43	80	一般建筑	一类建控地带	现状维护
J085	商业	一层	砖构	面砖	新建不协调	完好	完全使用	新建	38	90	一般建筑	一类建控地带	建筑改造
J086	居住	四层	砖构	水泥	新建不协调	一般	完全使用	新中国成立初期	43	100	一般建筑	一类建控地带	现状维护
J087	文教	一层	砖混	涂料	新建不协调	完好	完全使用	新建	38	90	一般建筑	一类建控地带	建筑改造
J088	商业	一层	砖构	水泥	新建不协调	一般	完全使用	新中国成立初期	45	100	一般建筑	一类建控地带	现状维护
J089	居住	三层	砖构	水泥	新建不协调	一般	完全使用	新建	40	100	一般建筑	一类建控地带	现状维护
J090	商业	三层	砖混	涂料	新建不协调	一般	完全使用	新建	33	100	一般建筑	一类建控地带	建筑改造
J091	商业	三层	砖构	水泥	新建不协调	一般	完全使用	新建	35	100	一般建筑	一类建控地带	建筑改造
J092	居住	二层	砖构	水泥	新建不协调	一般	完全使用	新建	43	100	一般建筑	一类建控地带	现状维护
J093	居住	二层	砖构	红砖	新建不协调	一般	闲置	新建	43	60	一般建筑	一类建控地带	现状维护
J094	机关	三层	砖构	水泥	新建不协调	完好	完全使用	新建	35	90	一般建筑	一类建控地带	建筑改造
J095	居住	二层	砖构	面砖	新建不协调	一般	部分使用	新建	40	80	一般建筑	一类建控地带	建筑改造
J096	居住	二层	砖构	红砖	新建不协调	一般	闲置	新建	43	60	一般建筑	一类建控地带	现状维护
J097	居住	一层	砖构	面砖	新建不协调	一般	部分使用	新建	43	80	一般建筑	一类建控地带	现状维护
J098	居住	二层	砖构	红砖	新建不协调	一般	闲置	新建	43	60	一般建筑	一类建控地带	现状维护
J099	其他	一层	砖构	红砖	新建不协调	一般	完全使用	新建	38	100	一般建筑	一类建控地带	建筑改造
J100	其他	一层	砖混	面砖	新建不协调	完好	完全使用	新建	33	90	一般建筑	一类建控地带	建筑改造

续 表

建筑编号	建筑功能	建筑高度	建筑结构	建筑材料	艺术价值	建筑质量	使用状况	建筑年代	历史风貌评估	健康状况评估	建筑类型	所属区划	保护措施
J101	文教	四层	砖混	面砖	新建不协调	完好	完全使用	新建	28	90	一般建筑	一类建控地带	建筑改造
J102	文教	二层	砖构	青砖	新建协调	危房	部分使用	新中国成立初期	50	50	一般建筑	一类建控地带	现状维护
J103	文教	五层	砖混	面砖	新建不协调	完好	完全使用	新建	25	90	一般建筑	一类建控地带	建筑改造
J104	文教	二层	砖构	面砖	新建不协调	完好	完全使用	新建	35	90	一般建筑	一类建控地带	建筑改造
J105	文教	四层	砖混	面砖	新建不协调	一般	完全使用	新建	28	100	一般建筑	一类建控地带	建筑改造
J106	闲置	二层	砖构	红砖	新建不协调	一般	闲置	新建	40	60	一般建筑	一类建控地带	建筑改造
J107	商业	二层	砖构	水泥	新建不协调	一般	部分使用	新建	38	80	一般建筑	一类建控地带	建筑改造
J108	闲置	二层	砖构	红砖	新建不协调	危房	闲置	新建	40	30	一般建筑	一类建控地带	建筑改造
J109	文教	二层	砖构	水泥	新建不协调	危房	完全使用	新建	38	70	一般建筑	一类建控地带	建筑改造
J110	居住	一层	砖构	土坯	新建协调	一般	部分使用	新中国成立初期	60	80	一般建筑		
K001	商住	三层	砖混	面砖	新建不协调	完好	完全使用	新建	33	90	一般建筑		
K002	商住	三层	砖混	面砖	新建不协调	完好	完全使用	新建	33	90	一般建筑		
K003	商住	三层	砖混	面砖	新建不协调	完好	完全使用	新建	33	90	一般建筑		
K004	商住	三层	砖混	面砖	新建不协调	完好	完全使用	新建	33	90	一般建筑		
K005	商业	三层	砖混	面砖	新建不协调	完好	完全使用	新建	30	90	一般建筑		
K006	机关	五层	砖混	面砖	新建不协调	完好	完全使用	新建	25	90	一般建筑		
K007	商业	二层	砖混	面砖	新建不协调	一般	完全使用	新建	33	100	一般建筑		
K008	机关	五层	砖混	面砖	新建不协调	完好	部分使用	新建	25	70	一般建筑		

续　表

建筑编号	建筑功能	建筑高度	建筑结构	建筑材料	艺术价值	建筑质量	使用状况	建筑年代	历史风貌评估	健康状况评估	建筑类型	所属区划	保护措施
K009	机关	三层	砖混	水泥	新建不协调	一般	部分使用	新建	33	80	一般建筑		
K010	居住	二层	砖构	面砖	新建不协调	完好	完全使用	新建	40	90	一般建筑		
K011	居住	二层	砖构	面砖	新建不协调	完好	完全使用	新建	40	90	一般建筑		
K012	居住	二层	砖构	面砖	新建不协调	完好	完全使用	新建	40	90	一般建筑		
K013	居住	二层	砖构	面砖	新建不协调	完好	完全使用	新建	40	90	一般建筑		
K014	居住	二层	砖构	面砖	新建不协调	完好	完全使用	新建	40	90	一般建筑		
K015	居住	二层	砖构	面砖	新建不协调	完好	完全使用	新建	40	90	一般建筑		
K016	居住	二层	砖构	红砖	新建不协调	一般	完全使用	新建	43	100	一般建筑		
K017	居住	二层	砖构	水泥	新建不协调	一般	完全使用	新建	43	100	一般建筑		
K018	居住	一层	砖构	土坯	古老	一般	完全使用	新建	65	100	一般建筑		
K019	居住	二层	砖构	面砖	新建不协调	完好	完全使用	新建	40	90	一般建筑		
K020	居住	一层	砖构	红砖	新建协调	一般	完全使用	新建	50	100	一般建筑		
K021	居住	二层	砖构	红砖	新建协调	一般	完全使用	新建	48	100	一般建筑		
K022	居住	二层	砖构	红砖	新建协调	一般	部分使用	新建	48	80	一般建筑		
K023	居住	二层	砖构	红砖	新建协调	一般	完全使用	新建	48	100	一般建筑		
K024	居住	一层	砖木	红砖	新建协调	危房	部分使用	新中国成立初期	58	50	一般建筑		
K025	居住	一层	砖木	土坯	新建协调	危房	完全使用	新中国成立初期	63	70	一般建筑		
K026	居住	二层	砖木	土坯	新建协调	一般	完全使用	新中国成立初期	60	100	一般建筑		

续 表

建筑编号	建筑功能	建筑高度	建筑结构	建筑材料	艺术价值	建筑质量	使用状况	建筑年代	历史风貌评估	健康状况评估	建筑类型	所属区划	保护措施
K027	其他	一层	砖构	土坯	新建协调	一般	完全使用	新中国成立初期	53	100	一般建筑		
K028	居住	一层	砖构	土坯	新建协调	危房	部分使用	新中国成立初期	60	50	一般建筑		
K029	仓储	一层	砖构	青砖	新建协调	一般	部分使用	新中国成立初期	55	80	一般建筑		
K030	居住	一层	砖构	土坯	新建协调	一般	完全使用	新中国成立初期	60	100	一般建筑		
K031	居住	一层	砖构	土坯	新建协调	危房	部分使用	新中国成立初期	60	50	一般建筑		
K032	居住	一层	砖构	青砖	新建协调	危房	部分使用	新建	53	50	一般建筑		
K033	居住	二层	砖构	水泥	新建不协调	一般	完全使用	新建	43	100	一般建筑		
K034	居住	二层	砖构	红砖	新建协调	一般	部分使用	新建	48	80	一般建筑		
K035	居住	二层	砖构	红砖	新建协调	一般	完全使用	新建	48	100	一般建筑		
K036	居住	二层	砖构	面砖	新建不协调	完好	完全使用	新建	40	90	一般建筑		

后记

感谢湖北省阳新县文化部门的大力支持。

湖北阳新县龙港革命旧址是清华大学建筑设计研究院文化遗产保护研究所开展的最早一项革命文物保护项目。非常感谢在清华大学设计院工作期间，导师吕舟教授提供多样化的保护实践项目。龙港革命旧址保护从发现革命旧址在物质形态方面来看，其与周边民宅高度一致，无法从建筑特征上去识别价值。本着从问题出发，创造性的采用 GIS 系统将革命价值、文化价值的标准进行指标化，并录入到海量的整体环境建筑数据中，通过设计价值加权的算法，成功使得系统识别革命旧址建筑，并且是得分评价体系得以良好，使得文物建筑的价值分值可以区分。这一创新的技术路线在后续一系列保护规划项目得以大规模应用。GIS 价值加权评价方法源自这一规模不大的革命旧址规划。感谢一同参与项目研究和创作的魏青、刘煜、郑宇、张帆、段珅等工作同事。你们为项目成果获得广泛好评也付出了辛勤的劳动和自己的智慧。

革命文物是我国独特的一种文物类型，分布数量广，类型与所在地域环境高度融合，其价值特征与今天的中国特色社会主义道路紧密相连，对于我国革命文物的研究仍有大量工作需要展开。本次规划研究成果的出版仅为此类专项工作的一瓦。再次感谢为本书出版给予帮助、支持的每一位领导、同事和朋友。

书虽已付梓，但仍感有诸多不足之处。期待读者的批评和建议。

朱宇华

2022 年 1 月